Rosi Mangger Walder

Rosis Garten-glück

RÆTIA

Inhalt

Vorwort

Im November erinnere ich mich auch gerne an die sommerliche Blütenernte zurück.

Während ich diese Zeilen schreibe, ist es bereits November. Draußen hat es zu schneien begonnen und ich schließe mein Gartenjahr mit dem Fazit ab, dass es für mich eine wahre Genugtuung war, in den vergangenen zwölf Monaten wieder viel gelernt, umgesetzt und erreicht zu haben. Die Liebe zum Garten ist mir wohl in die Wiege gelegt worden. In meiner Kindheit war es für mich immer das Schönste, im Garten zu arbeiten. Ich beobachtete die Tiere und Pflanzen und konnte anhand ihres Verhaltens und Zustandes auch Wetterumschwünge vorhersagen. Diese Kunst beherrschte mein Großvater am besten, während mir meine Großmutter und später meine Mutter, zusammen mit meinen beiden Onkeln, das Bauern- und Gartenleben näherbrachten.

Bis heute steht in meiner Familie ein Leben nach diesen alten Ritualen und Bauernregeln im Vordergrund. Dank meiner Mutter verfüge ich über dieses alte Wissen und behüte es wie einen Schatz. Obwohl sie einigen nicht mehr wichtig sind, haben viele Regeln noch in der heutigen Zeit Gültigkeit und man kann mit ihnen das Gartenjahr gestalten. Weitere Faktoren, die ich gerne beachte, sind der Mondstand und die Sternzeichen. Auch auf diese Aspekte gehe ich hier weiter ein, denn so manche weitere Lebens- und Gartenarbeit wird damit erleichtert. Zudem werde ich dir auch erläutern, warum es wichtig ist, ein Leben im Einklang mit der Natur zu leben und diese zu schätzen, zu schützen und auf nachhaltige Art zu nutzen.

Für mich ist der Garten nicht nur eine Lebensgrundlage, sondern auch mein Doktor und Psychologe. Hier finde ich die nötigen und wichtigen Prinzipien eines glücklichen Lebens. Falls du keinen Garten besitzt, werde ich dir auch aufzeigen, wie du dir auf einem Balkon oder in einer Stadt auf kleinstem Raum ein Stückchen Gartenglück sichern kannst.
Ich versuche, dir mein Gartenwissen so umfassend, übersichtlich und verständlich wie möglich weiterzugeben, ohne dabei zu sehr in fachliche Details zu gehen, die weitere Bücher füllen würden. Deshalb findest du hier meine wichtigsten Erkenntnisse in einfacher, kurzer Form, sodass sie gut umsetzbar sind.
In meinen zahlreichen Ausbildungen lernte ich nicht nur die Pflanzen kennen, sondern auch so manches Sprichwort. Leider weiß ich nicht, von wem das unten stehende Zitat stammt, aber es begleitet mich schon seit Jahren als Leitsatz.

Rosi Mangger Walder

„Dumme rennen,
Kluge warten,
Weise gehen in
den Garten!“

Am Anfang war mein Garten nichts als ein Stück steile, unwirtliche Weide. Viele erklärten mich für verrückt, als ich ihnen sagte, dass ich hier einen Garten anlegen würde.

Einleitung

Meine Familie legte mir nicht nur die Liebe zur Natur und zu den Kräutern in die Wiege. Sie lehrte mich auch, im Einklang mit der Natur zu leben und mit diesem Prinzip den Garten zu bestellen. Im Alter von 14 Jahren begann ich eine Lehre zur Floristin und Gärtnerin, später eröffnete und leitete ich dann selbst einen Blumenladen und einen landwirtschaftlichen Gartenbetrieb. Das wahre Wissen über den Garten erwarb ich aber bereits in meiner Kindheit von meiner Großmutter, von meiner Mutter und von meinen Onkeln. Später, als ich dann meinen eigenen Garten bestellte und dabei so manch herben Rückschlag erlitt, lernte ich, mit der Natur zu agieren und mich mit ihr zu arrangieren. Wenn ich heute den Erzählungen meiner Mutter lausche und an meine eigene Kindheit zurückdenke, in der die Großmutter auf dem Hof mit wenigen Ressourcen wirtschaftete, wird mir klar, dass wir von der Natur eigentlich alles Lebensnotwendige erhalten. Klar ist es einfacher, in den Supermarkt zu gehen und dort die Lebensmittel zu beziehen, aber frisch im Garten, vom Balkon oder der Fensterbank geerntetes Gemüse und Obst schmecken doppelt so gut! Zudem schont es unsere Umwelt und unsere Geldbeutel nachhaltig.
Meine Großmutter machte mir klar, wie wertvoll es ist, zu wissen, was unsere Gartenkräuter, Gemüsepflanzen und Obstbäume im Garten alles zu leisten imstande sind. Selbst anderen Pflanzen können sie einen Schutz bieten. Meine Mutter zeigte mir dann, wie ich dieses Wissen in der Küche nutzen konnte. Mein Großvater brachte mir

Mein Garten
in voller
sommerlicher
Pracht

einige Bauernregeln und die Wetterdeutung bei. Als meine Großeltern verstarben, übernahmen meine Mutter und meine Onkel meine Ausbildung. So war es an der Tagesordnung, Jauchen, Brühen, Tees oder Extrakte zuzubereiten und diese anzuwenden. In früheren Zeiten verfügte man über ein enormes Fachwissen, das allerdings ausschließlich auf Beobachtungen beruhte. Mittlerweile konnte so manch alte überlieferte Erkenntnis auch wissenschaftlich belegt werden. Ich bin froh, dass ich sowohl auf dieses alte Wissen als auch auf die heutigen wissenschaftlichen Erkenntnisse zurückgreifen und diese beiden Denkschulen in meiner Gartenpraxis auch im Einklang miteinander einsetzen kann. Deshalb ist es mir wichtig, in diesem Buch beide Aspekte zu vereinen.

Im Garten meiner Großmutter gab es wenig von dem, was wir heute abwertend als „Unkraut“ bezeichnen. Zutreffender ist der Ausdruck „Beikraut“, denn schließlich diente all das, was vorhanden war, für die Düngung der Pflanzen oder als Nahrung und für die Gesundheit von Mensch und Tier. Der Boden lag selten brach. Wenn überhaupt, dann nur, um eine neue Einsaat zu machen oder um mit einer Gründüngung, meist in Form von Buchweizen, dem Boden die nötige Kraft zurückzugeben. Als Kind war ich fasziniert von der Artenvielfalt im Garten meiner Oma und ich fand sie auch lustig, denn in ihrem Garten herrschte ein heilloses Durcheinander. Mitten im Kohl wuchsen Kräuter, im Salatbeet waren Ringelblumen, Kamille oder Vogelmieren zu sehen. In einer Ecke wuchsen die Bohnen über Stangen hoch und ihnen zu Füßen blühten die Studentenblumen.

Dazwischen etwas Giersch, einige andere Wildkräuter und immer wieder etwas Blühendes.
Als ich meine Lehre begann, zeigte man mir, wie ich den Gartenboden bearbeiten und chemisch düngen sollte und welches chemische Spritzmittel wo eingesetzt wird. Auch lernte ich, die verschiedenen Mangelerscheinungen der Pflanzen zu erkennen. Einen biologischen Dünger nutzten zu dieser Zeit nur wenige, oft wurden diese Menschen als „Ökofuzzis" belächelt. In meinem eigenen Garten war es mir jedoch ein Anliegen, keine Kunstdünger zu verwenden. Es war für mich eine völlig neue Herausforderung, hatte ich doch in 15 Jahren als Floristin und Gärtnerin glatt vergessen, wie anspruchsvoll eine biologische Düngung ist. Man könnte sogar sagen, dass mich die Natur lehrte,

Der Weg von der steilen Weide zum blühenden Garten war oft sehr steinig.

Um die Zugänglichkeit im steilen Gelände zu erleichtern, haben wir auch Wege und Terrassen angelegt.

dass nicht ich die Herrin im Garten bin, sondern vielmehr sie selbst den Ton angibt. So konnte ich in den letzten Jahren viele eigene Erfahrungen sammeln und sie mit meinem überlieferten Familienwissen abgleichen. Vielfach verglich ich auch mein in der Lehre und in der Ausbildung erworbenes modernes Wissen mit dem familiären Erfahrungswissen und stellte dabei fest, dass meine Großeltern mit ihrem Handeln im Garten nichts falsch gemacht hatten. Aus diesem Grund möchte ich dich in meine Gartenwelt mitnehmen, dich in ihre Vielfalt eintauchen lassen und dich mit diesem Buch zum nachhaltigen biologischen Gärtnern verführen.

Der Garten im Jahres-kreis

Was mache ich wann?

Dieser Kapiteltitel ist gleichzeitig eine wesentliche Frage für jede Gärtnerin und jeden Gärtner. Ich bin der Meinung, dass man sich genau überlegen sollte, was man wann im jeweiligen Kalendermonat im Garten oder auf dem Balkon pflanzen, aufräumen oder ernten will. Um dir einen Einblick in meine eigenen Gartenpläne im Jahreskreis zu geben, findest du hier eine kleine Auflistung.
Da die im Garten anfallenden Arbeiten sehr stark witterungsabhängig sind und sich die Wetterperioden nicht unbedingt an den Kalender halten, kann es sein, dass sich manches von einem Monat auf den nächsten verschiebt oder dass wir plötzlich in einem kurzen Zeitraum mehrere Dinge auf einmal tun müssen.
Ich persönlich halte sehr viel von den Bauernregeln, mir liegen sie geradezu am Herzen. Auch wenn sie nicht immer mit den tatsächlichen Entwicklungen übereinstimmen, können sie uns die Arbeit des Bauern- und Gartenjahres dennoch erleichtern. An bestimmten Tagen führe ich gewisse Rituale durch, an anderen wiederum beobachte ich nur allzu gerne die Natur und das Verhalten der Tiere, um Rückschlüsse auf das bevorstehende Wetter zu ziehen. Dass so manche Bauernregel nicht mehr gültig zu sein scheint, hängt oft mit den Änderungen im Heiligenkalender und auch mit dem Klimawandel zusammen. Zum einen wurde das Datum mancher Gedenk- und Namenstage von Heiligen,

mit denen die Bauernregeln verknüpft waren, von der Kirche immer wieder verschoben, zum anderen führte Papst Gregor XIII. im Jahre 1582 den gregorianischen Kalender ein. Um das tatsächlich gemessene Jahr dem astronomischen Jahr wieder anzupassen, wurden 10 Tage aus dem Kalender gestrichen. Auf den 4. Oktober 1582 folgte unmittelbar der 15. Oktober. Das hatte zur Folge, dass seither viele ältere Regeln nicht mehr richtig datiert sind. Einige dieser alten Regeln habe ich hier übernommen, andere hingegen entfernt oder umgeschrieben.

„Was der Frühling nicht sät,
kann der Sommer nicht reifen,
der Herbst nicht ernten
der Winter nicht genießen."

Johann Gottfried von Herder

Januar

Mein Gartenplan

- Ich mache mir Gedanken, was ich in diesem Jahr anpflanze, und lege die gewünschte Menge fest.
- Ich überprüfe das Saatgut und lasse einige Körner vorkeimen.
- Neues Saatgut wird bestellt.
- In Büchern suche ich Inspiration für neue Ideen und schaue, was ich in meinen Abläufen und Routinen verbessern kann.
- Ich lege einen Pflanzplan an. Am Balkon achte ich darauf, öfter kleine Mengen auszusäen.
- Ich repariere die Vogelnisthilfen und mein kleines Insektenhotel, eventuell baue ich es neu.
- Außerdem erfreue ich mich an den ersten Winterblühern wie Hamamelis und Helleborus.
- Ich füttere die Vögel.
- Sollten die Nistkästen der Vögel im Herbst nicht gereinigt worden sein, so mache ich das jetzt.

Auch die Zaubernuss gehört im Januar und Februar zu den ersten Winterblühern.

Der Januar gibt mir genügend Zeit, um mir Gedanken zu machen, wie ich in der kommenden Saison den Garten gestalten könnte.

1.1.: „Am Neujahrstage Sonnenschein lässt das Jahr uns fruchtbar sein."

2.1.: „Makarius, der weiß bestimmt, was das ganze Jahr so bringt."

3.1.: „Bringt Genoveva Sturm und Wind, so ist uns Waltraud [9.4.] oft gelind."

4.1.: „Wenn Angela starke Fröste bringt, dem Winter noch mancher Schlag gelingt."

5.1. auf 6.1.: „Ist's Heiligdreikönig sonnig und still, der Winter vor Ostern nicht weichen will."

Am 6.1. wird mein Hof mit Königswasser und Weihrauch gesegnet.

Selbst wenn es schneit und stürmt, bewahrt der Garten seinen Charme. Die Blüte der Winterkamelie trotzt sogar Minusgraden.

Februar

Mein Gartenplan

- Die ersten Pflanzen werden auf der Fensterbank oder im Balkongarten ausgesät.
- Ich führe im Garten erste Aufräumarbeiten durch, wie z. B. das Holz nach der Schneelast zu schneiden.
- Der Boden für das Frühjahr wird aufbereitet: Dabei gebe ich Holzasche und eventuell Mist auf die Erde. Das klappt auch bei Schnee.
- Ich bereite das Frühbeet vor und pflanze die ersten Pflanzen aus. Bei Frost stelle ich eventuell eine Grabkerze ins Beet, damit es frostfrei bleibt. Bei Topfgärten eventuell ein Glas über die Pflanzen stülpen.
- Beete und Garten werden mit Kräuteransätzen besprüht.
- Wenn es die Witterung zulässt, bringe ich auch die ersten Wintersaaten aus.
- Ich führe in der Übergangszeit zwischen Frost und Sonneneinstrahlung die Stammpflege der Obstbäume durch. Dabei wird an der Südseite der Bäume der Stamm gekalkt.
- An Obstbäumen kannst du gegen die Schädlinge einen Schutzring aus Wellpappe anbringen.
- Du solltest nicht vergessen, die Vögel zu füttern, falls dies in deinem Gebiet erlaubt ist.

Ende Februar wird das Frühbeet aktiviert und neu bepflanzt – im Bild die ersten Salatpflanzen.

Das Äschern an Lichtmess ist die erste Kleindüngung des Jahres. Schnee und Eis schmelzen ebenfalls schneller ab, wenn der Boden mit Asche bedeckt ist.

„Wenn's im Februar nicht schneit, kommt die Kält zur Osterzeit."

2.2.: „Ist's an Lichtmess hell und rein, wird ein langer Winter sein."

An diesem Tag wird, seit ich mich erinnern kann, im Garten die Asche ausgebracht, damit der Schnee schneller taut.

3.2.: „Blasius stößt dem Winter die Hörner ab."

Nachdem ich mir den Blasius-Segen in der Kirche abgeholt habe, gehe ich gerne mit dem Räucherfass durch den Garten.

18.2.: „Der Simon zeigt mit seinem Tage, der Frost ist nicht mehr lange Plage."

Ist das Wetter an diesem Tag mild, dann schaue ich nach den Obstbäumen.

21.2.: „Felix und Petrus zeigen an, was vierzig Tag für Wetter han."

Dieser Tag dient mir zum Wetterweisen.

März

Mein Gartenplan

Die Aussaat der Jungpflanzen mache ich in unserem Gewächshaus oder auf den Fensterbrettern unseres Wohnhauses.

- Tomaten, Peperoni, Melanzane und Chili werden ausgesät, auch die ersten Kräuter und Blumen. Wer sie schon im Februar gesät haben sollte, kann die Pflänzchen nun in Töpfe umpflanzen. Überschüssige Pflänzchen kannst du in der Nachbarschaft verschenken.
- Ich pflanze den Salat aus.
- Robuste Sommerblüher wie die Ringelblume, die Kornblume und die Malve können jetzt auch direkt ausgesät werden. Säe vor allem in kleinen Töpfen nicht zu eng.
- Falls ich es nicht bereits im Februar oder Herbst getan habe, säe ich nun den Mohn aus.
- Ich schütze die Sämlinge mit Vlies oder Töpfen vor Nachtfrösten.
- Der Rasen wird mit einem Rechen gründlich vom alten Gras und Moos befreit. Eventuelle Wurzelbeikräuter (wie Löwenzahn, Giersch) entferne ich ebenfalls.
- Der Rasen wird gedüngt.
- Ich entferne alte Pflanzenreste und bereite die Beete vor. Auch Balkonkästen und -töpfe kannst du vorbereiten, indem du sie reinigst und neu befüllst. Dabei reicherst du eventuell alte Erde mit Humus an.
- Ich stecke Zwiebeln, Knoblauch und Meerrettich.
- Alte Blätter werden entfernt.
- Der Obstgarten wird erstmals gedüngt.
- Ich mulche und bringe die Gründüngung an.

„Der März soll eingehen wie ein Löwe und ausgehen wie ein Lamm."

6.3.: „Um den Tag des Fridolin zieht der letzte Winter hin."

„Märzenstaub und Märzenwind guten Sommer uns bringt."

Der März sollte nicht zu feucht sein, da dies den Pflanzen schadet.

12.3.: „Sankt Gregor zeigt dem Bauern an, dass im Feld er säen kann."

An diesem Tag wurden früher oft das Sommerkorn, der Sommerroggen oder der Nutzmohn gesät.

21.3.: „Willst du Gerste, Erbsen, Zwiebeln dick, so säe an Sankt Benedikt."

An diesem Tag wurden häufig die Saubohnen- sowie auch das Getreide gesät, falls es am 12. März nicht möglich war.

29.3.: „So wie dieser Tag, so das Frühjahr."

30.3.: „So wie dieser Tag, so der Sommer."

An den letzten beiden Tagen im März wird das Wetter für die jeweilige Saison gewiesen.

Nach der Aussaat beginnt auch das Pikieren der Jungpflanzen.

April

Mein Gartenplan

Aprilschnee war in meiner Familie immer schon sehr willkommen.

Anfang April werden die Beete gesäubert, mit Grabgabel und Schaufel gelockert und neu angelegt. Zudem reichere ich sie mit Kompost an.

- Sobald die Forsythien blühen, können die Rosen geschnitten werden.
- Ich dünge und spritze die Rosen.
- Ziergräser und Stauden werden zurückgeschnitten.
- Ich jäte das erste Beikraut (z. B. die Vogelmiere), falls es lästig wird oder ich es bis dahin nicht genutzt habe.
- Ich harke und mulche sanft.
- Die neue Aussaat für das Folgegemüse wird ausgebracht. Am Balkon reduziere bitte die Menge und berücksichtige den Platzbedarf des Gemüses.
- Die Beete werden bepflanzt; dabei verwende ich oft Schnüre mit Abstandsknoten.
- Ich ziehe die Dahlien vor, damit sie den Schnecken nicht zum Fraß dienen.
- Die Zwiebelblüher werden gepflegt. Dabei flechte ich bei den Narzissen die Blätter zu einem Zopf und drücke sie nieder. Bereits verwelkte Pflanzenteile entferne ich, die Blütenstiele samt Blütenknöpfen schneide ich ab. Dann dünge ich mit Brennnesseljauche.
- Ich bringe Stützgerüste für hohe Stauden an.
- Ich pflanze Kartoffeln auf Stroh. Sie gedeihen sogar auf dem Balkon.
- Lavendel und andere mediterrane Gehölze können jetzt leicht zurückgeschnitten werden, damit sie schönere Triebe entwickeln.

„Aprilschnee bringt Gras und Klee."

In meiner Familie gilt schon seit Generationen, dass Aprilschnee wie Dünger wirkt.

„Je eher im April der Schlehdorn blüht, je früher der Bauer zur Ernte zieht."

Die Schlehe ist zwar ein Frühblüher, aber wenn sie sehr früh blüht, so bedeutet das, dass es auch sehr warm ist oder bleiben wird.

15.1.: „Am 15. April der Kuckuck singen will."

Wenn dieser Vogel nicht singt, so bedeutet es für uns, dass der Frühling auf sich warten lässt. Der Kuckuck ist ein sicherer Frühlingsbote und läutet den Spätfrühling ein.

30.1.: „Ist die Hexennacht voll Regen, wird's ein Jahr mit reichlich Segen."

An diesem Tag entzünden wir gerne ein Feuer, damit wir danach die Asche und Kohle auf die Felder ausbringen können.

Ende April ist der Garten für den Frühsommer vorbereitet. Vorerst habe ich den Garten noch im Griff, im Sommer hat eher der Garten mich im Griff.

Mai

Mein Gartenplan

- Der neue Kompost wird ausgebracht. In Töpfen oder Kisten bringe ich ihn auf der Erde auf und beachte dabei einen fingerbreiten Gießrand.
- Ich harke und mulche. Auch bei Töpfen solltest du die oberste Schicht lockern.
- Bei bereits bepflanzten Beeten oder Töpfen wird der Dünger angebracht.
- Neue Pflanzen werden gesät und ausgepflanzt. Dabei beachte ich die Fruchtfolge. Diese Regel gilt auch für Topfkulturen.
- Der Mai ist auch die ideale Pflanzzeit für wärmeliebende Pflanzen wie Basilikum.
- Ich mulche die Erdbeeren.
- Ich mähe und vertikutiere den Rasen (= Anritzen). Bei etwaigen kahlen Stellen säe ich nach.
- Bei erstem Läusebefall oder gegen Pilzkrankheiten verwende ich biologische Spritzmittel. In den Monaten zuvor plane ich immer Vorspritzungen zur Kräftigung der Pflanzen ein.
- Die Einsaat unter den Obstbäumen wird vorgenommen.
- Ich pflanze Tomaten, Peperoni, Melanzane und Chili.

Anfang Mai kann ich bereits den ersten Salat des Jahres ernten, den ich im Frühbeet angelegt habe.

Eine schnelle Bepflanzung oder das Anbringen von Mulchfolie bedeutet auch, dass der Boden nie offen liegen bleibt.

Sobald die Pflanzen kräftig genug sind, kommen sie ins Beet. Dabei beachte ich, dass sie dort genügend Platz haben, zu den bestehenden Pflanzen passen und gut eingewässert werden.

1.5.: „Wenn's Wetter gut am 1. Mai, gibt es viel und gutes Heu."

„Mairegen bringt Segen."

In diesen Worten steckt ein Funken Wahrheit. Der Regen im Mai ist für unsere Pflanzen im Garten wahrer Segen, so wachsen und gedeihen sie besser.

11.5.: „Der heilige Mamerz hat von Eis ein Herz."

12.5.: „Pankratius hält den Nacken steif, sein Harnisch klirrt von Frost und Reif."

13.5.: „Nach Servaz kommt kein Frost mehr her, der dem Rebstock gefährlich wär."

14.5.: „Wer seine Schafe schert vor Bonifaz, dem ist die Woll lieber als das Schaf."

11.–15.5.: „Vor Frostnacht du nicht sicher bist, bevor Sophie vorüber ist."

Die meisten Pflanzungen beginnen wir erst nach den sogenannten Eisheiligen Mamertus, Pankratius, Servatius, Bonifatius und Sophia (11.–15. Mai).

Frühling am Fronigerhof mit Blick auf die Jaufenburg. Unser alter Meraner Apfelbaum steht nun in voller Blüte.

Mairegen lässt die Pflanzen in die Höhe schießen. Eine alte Bauernregel besagt, dass ein durchgehend nasser und kühler Mai den berüchtigten Eisheiligen weniger Angriffsfläche bietet.

Juni

Mein Gartenplan

Der Garten hat sich im Juni gut entwickelt. Schon zum zweiten Mal habe ich neue Salatpflanzen ausbringen können.

- Ich hege und pflege die Rosen und genieße dabei ihre Blüte.
- Das Jäten ist nun wichtiger denn je. Ich entferne alles Beikraut, bevor es samt, auch in Kisten oder Töpfen.
- Ich harke und mulche.
- Ich dünge und kräftige die Pflanzen. Gerade bei Töpfen ist das wichtig, da dort den Wurzeln wenig Erde zur Verfügung steht.
- Die Kräuter lasse ich blühen.
- Die Blütenreste entferne ich fleißig, falls ich nicht selbst Saatgut gewinnen möchte. In diesem Fall bleibt der verblühte Blütenstand bis zur Samenreife stehen.
- Ich entferne die Nebentriebe der Tomaten (= Ausgeizen) und mulche. Zudem nehme ich eine erste Kräftigungsspritzung mit Jauche oder Tee vor.
- Bei Fenchel, Kohlrabi, Bohnen, Gurken, Kürbissen und Tomaten den unteren Sprossbereich anhäufeln.
- Viele Heilpflanzen können jetzt geerntet werden.
- Ich dünne den Fruchtbehang aus und nehme den Sommerschnitt bei Obstbäumen und Beerenobst vor. Das ist gerade bei Topfgärten wichtig, da dort die Pflanzen oft zu schwach sind, um eine größere Fruchtmenge zu tragen.

1.6.: „Justin klar, gutes Jahr."

10.6.: „Regnet's am Margarethentage, dauert der Regen noch vierzig Tage."

„Im Juni viel Donner bringt einen trüben Sommer."

16.6.: „Wer auf Benno baut, kriegt auch viel Kraut."

Sehr häufig wurde an diesem Tag der Kohl gepflanzt.

24.6.: „Stich den Spargel nie mehr nach Johanni."

Für bestimmte Pflanzen ist nun Saisonschluss und für andere beginnt zur Johannizeit die Ernte. An diesem Tag räuchere ich in meinem Garten gern.

Im Juni zeigt sich der Garten von seiner prachtvollen Seite. Alles beginnt zu blühen und das Herz macht Freudensprünge.

Juli

Mein Gartenplan

- Jene Frühlingsblüher, die erneuert werden sollen, müssen jetzt entnommen werden.
- Die Schnittblumen werden morgens oder abends geschnitten.
- Das Gemüse wird gepflegt und geerntet.
- Ich pflege den Boden und kontrolliere immer wieder, ob er kräftig genug und nicht zu trocken ist. Im Gegenzug sollte auch Staunässe vermieden werden. Bei Töpfen ist diese Regel mitunter die wichtigste, denn Staunässe lässt Wurzeln absterben.
- Ich harke und mulche. Auch in Töpfen kannst du mulchen. In diesem Fall bleibt die Erde lockerer und feuchter und du benötigst weniger Wasser.
- Die Stauden werden gestützt.
- Ich pflege die Erdbeeren.
- Ich pflanze und säe für den Herbst. Bei Balkongärten solltest du wieder darauf achten, es mit der Saat- und Pflanzmenge nicht zu übertreiben.
- Nach einem Regen entferne ich die schlechten, fauligen Blätter und die verblühten Blüten.
- Manchen Pflanzen spende ich, falls nötig, Schatten. Auf dem Balkon nutze ich oft einen Sonnenschirm.
- Viele Heilpflanzen können jetzt geerntet werden.

Ab Juli pflanze ich Wintersalate. Meist komme ich mit diesem Salat über den Winter.

2.7.: „Geht Maria übers Gebirge nass, bleiben leer Scheune und Fass."

An Mariä Heimsuchung werden Haselnusszweige gebrochen und im Herrgottswinkel, an Fenstern oder Türen aufgehängt. Zudem werden diese Zweige getrocknet, um sie bei heraufziehendem Gewitter mit dem Palmbesen zu verbrennen: ein alter Schutzzauber, bei dem ich meinen Garten räuchere.

8.7.: „Kilian, der heilige Mann, stellt die ersten Schnitter an."

Wenn zuvor starke Gewitter und Hagel das Korn zu Boden gedrückt hatten, erzählt mir heute noch meine Mutter, dann wurde ab diesem Tag geerntet.

10.7.: „Wenn sich die sieben Brüder sonnen, kommen sieben Wochen Wonnen."

Regnete es aber an diesem Tag auch nur einen Tropfen, so blieb es 7 Wochen lang so. Dann hoffte man nur noch auf den Apostelteilungstag.

15.7.: „Ist Apostelteilung schön, kann das Wetter der sieben Brüder gehen."

„Türmen die Ameisen im Juli den Haufen, musst du viel Holz für den Winter kaufen."

Im Hochsommer wird mit Hochdruck geerntet.

Im Juli pflanze ich neue Jungpflanzen ins Beet.

Der Garten steht im Juli in seiner größten Pracht. Die Pflanzen haben sich bestens entwickelt und ich kann nun aus dem Vollen schöpfen.

August

Mein Gartenplan

- Ich lese Fallobst auf. Das ist bei Balkongärten besonders wichtig, denn in den kleinen Kisten breiten sich Krankheiten schneller aus.
- Ich ernte weiteres Gemüse und Obst.
- Schwere Äste stütze ich.
- Ich kontrolliere den Kompost, werfe ihn um und befeuchte ihn, falls er zu trocken ist.
- Bei Obstgehölzen und mediterranen Halbsträuchern wie Lavendel und Rosmarin reduziere ich den Dünger deutlich, damit die neuen Triebe auch verholzen können.
- Lavendel und Rosmarin schneide ich jetzt kräftig zurück.
- Ich pflanze Zwiebelblüher wie Herbstzeitlosen und Herbstkrokusse.
- Schmuckblüten putze ich aus.
- Viele Heilpflanzen können jetzt geerntet werden.
- Für Gemüse und Blumen ist nun Düngestopp. Diese Regel gilt auch für Töpfe und Kisten.
- Ich kontrolliere den Reifegrad von Zwiebeln und Knoblauch.
- Ich säe und pflanze für den Winter. Bei Balkongärten achte Menge der Pflanzen bzw. Aussaat.
- Die Beete bereite ich mit einer Gründüngung für das kommende Jahr vor.
- Bei der Obsternte gehe ich nach dem Motto vor: Nur nichts hängen lassen. Das ist sehr wichtig, um Schädlingsbefall vorzubeugen.
- Ich sammle Saatgut.
- Ich ziehe Stecklinge.

Das Binden des Kräuterbuschens am 15. August läutet auch das Ende der Kräuterernte ein.

Im August ist die hochsommerliche Hitze im Garten spürbar. Der dichte Bewuchs schützt den Boden vor dem Austrocknen.

Ab Ende August bleiben noch wenige ertragreiche Wochen, dann geht der Garten für das Kalenderjahr in die wohlverdiente Pause.

1.8.: „Ist's von Petri bis Lorenzi [10. August] heiß, dann bleibt der Winter lange weiß."

„Fängt der August mit Donner an, er's bis zum End nicht lassen kann."

Der August sollte heiß und trocken sein, damit die Früchte gut reifen. Regnet es zu viel, ist meist mit einer schlechten Ernte zu rechnen.

15.8.: „Um Mariä Himmelfahrt, das wisse, gibt es schon die ersten Nüsse."

Mit dem Kräutersegen an Mariä Himmelfahrt wird den Kräutern eine besondere Wirkung zugesprochen.

18.8.: „Holz, am Agapitustag geschlagen, fault nicht bis zum Jüngsten Tag."

Für Bauholz gab es bestimmte „Schlägertage", denn an solchen Tagen geschlägertes Holz ist „kirniger" (härter).

„Wenn der Kuckuck im August noch schreit, so gibt's im Winter teure Zeit."

Es wird ein kalter Winter.

September

Mein Gartenplan

Die letzten Feldfrüchte ernte ich ebenfalls im September.

Einige Gartenpflanzen transportiere ich im September in unsere geodätische Kuppel, unter deren Schutz sie überwintern können.

- Immergrüne Gewächse, Rosen und Stauden pflanze ich jetzt, wo es nicht mehr so heiß ist. Ich gieße sie zudem gut ein.
- Ich pflanze nun die Herbstblüher und die Zwiebelblüher für das Frühjahr.
- Bei Topfgärten nutze ich für die Zwiebelblüher stets eigene Töpfe, denn die Zwiebeln brauchen viel Platz.
- Ich entsorge befallenes Obst.
- Ich nehme Neuanpflanzungen von Obstbäumen vor. Für Balkongärten gibt es eigene Sorten für die Topfhaltung.
- Nun ist auch die letzte Gelegenheit für die Pflanzung von Wintergemüse.
- Ich sammle Saatgut.
- Ich ziehe Stecklinge.

„September warm und klar, verheißt ein gutes nächstes Jahr."

Ist der September zu nass, beeinträchtigt das nicht nur die Ernte, sondern auch so manche Pflanze wird verderben.

8.9.: „Wird an Mariä Geburt gesät, ist's nicht zu früh und nicht zu spät."

An diesem Tag werden nochmals der Winterroggen, aber auch gerne Wintersalate gesät, die nach der Schneeschmelze weiterwachsen.

„Fällt im September Schnee in der Alp, kommt der Winter nicht so bald."

Im September übernimmt der Herbst Stück für Stück den Garten. Ich bringe jetzt noch einige Pflanzen und die Gartengeräte in ihr Winterquartier.

Oktober

Mein Gartenplan

- Ich bringe die letzte große Gemüseernte ein.
- Ich bringe den Winterschutz an, eventuell auch Stützen für Gehölze.
- Auch den Rasen bereite ich für den Winter vor.
- Ich lege die Staudenbeete an.
- Zur Bodenpflege lockere ich den Boden noch ein letztes Mal, auch in Kisten und Töpfen.
- Alte Samenstände lasse ich den Vögeln zuliebe, aber auch für die Überwinterung von Insekten oder anderen Kleinstlebewesen stehen.
- Den Garten fege ich nicht komplett leer: Die Pflanzenreste, die nicht geerntet werden, lasse ich stehen. Sie bieten dem Boden den nötigen Halt und Schutz.
- Falls es trocken ist, befeuchte ich nochmals alles gut.

Ab Oktober zeigen sich im Garten vereinzelt diese Eisschönheiten – jedoch nur, wenn es vorher geregnet und die Nacht Frost gebracht hat.

Im Herbst beginnt für mich die Produktionszeit im Kräuterladen. Die Ernte ist zum großen Teil abgeschlossen und den Garten überlasse ich nun Mutter Natur.

„Schneit's im Oktober gleich, wird der Winter weich."

Nach einem Schneefall im Oktober konnte ich sehr häufig beobachten, dass die Winter sehr mild und schneearm waren.

„Hält der Oktober sein Laub, wirbelt zu Weihnachten Staub."

Ein milder Herbst kann zwar schön sein, aber oft ist er auch nass und feucht. Häufig ist im darauffolgenden Winter dann mit Trockenheit zu rechnen.

16.10.: „Nach dem Sankt-Gallus-Tag nichts mehr im Garten bleiben mag."

Bis zu diesen Tag sollte das Gemüse, das nicht in den Frühbeeten oder im Gartenhäuschen bleiben kann, geerntet worden sein.

18.10.: „Wer an St. Lukas Roggen streut, es im Jahr nicht bereut."

Dieser Tag ist gleichzeitig auch der letzte, an dem man noch Getreide säen kann.

November

Mein Gartenplan

- Es ist wichtig, Laub liegen zu lassen, da es eine gute Humusquelle darstellt. Bei Töpfen nutze ich das Laub zum Schutz der Erde, damit diese nicht zu sehr gefriert. Oftmals packe ich die Töpfe mit Vlies ein.
- Neu gepflanzte Sträucher benötigen nun Schutz. Sie werden mit Tannenzweigen, Stroh oder Vlies abgedeckt.
- Die frisch gepflanzten Rosen müssen angehäufelt werden.
- Den Kompost decke ich nun ab.
- Alle nicht winterharten Knollen, Zwiebeln und Wurzeln (z. B. Dahlien, Knollbegonien, Gladiolen) lagere ich ein.
- Die Gräser lasse ich stehen, binde sie aber oberhalb des Horstes zusammen.
- Ich stelle das Vogelfutterhäuschen auf und befülle es regelmäßig.
- Ich säubere die Nistkästen.

Im November gehören Frost und Raureif im Garten zur Tagesordnung.

1.11.: „Allerheiligenreif macht zur Weihnacht alles steif."

Soll es einen kalten Winter geben, ist es gut, wenn der November mit Frost beginnt.

„Bringt November Morgenrot, der Aussaat dann viel Schaden droht."

Morgenrot ist ein Schlechtwetterbote. Ist der November zu nass, dann fault etwa die Roggensaat häufig.

11.11.: „Wenn's Laub vor Martini fällt, kommt eine große Winterkält."

25.11.: „Wie das Wetter um Kathrein, wird's den ganzen Winter sein."

Von diesem Tag an beginnen wir mit der Weihnachtsbäckerei, wo unsere Gartenprodukte nun auch zum Zuge kommen.

30.11.: „Es verrät dir die Andreasnacht, was wohl so das Wetter macht."

Diesen Tag nutzen wir nicht nur zum Wetterweisen, sondern auch als Orakeltag für das Apfelschalenwerfen (altes Liebesorakel).

Dezember

Mein Gartenplan

- Ich lasse das vergangene Gartenjahr Revue passieren.
- Das Geerntete genieße ich, während ich mich auf das kommende Jahr freue.
- Ich füttere die Vögel.
- Für mich und den Garten, der unter einer Raureifschicht oder Schneedecke liegt, ist es eine Ruhezeit.
- Vom 12. bis zum 24. Dezember blicke ich auf das Jahr zurück und setze jeden Tag mit einem Monat gleich. An den Tagen vom 24. Dezember bis zum 6. Januar schaue ich, was das Wetter im kommenden Jahr bringen mag.

Der erste Schnee legt sich wärmend über die Pflanzen. Über dem nun reifen Wintersalat habe ich ein Schutzdach angebracht.

Im Dezember liegt der Garten oft schon unter einer dichten Schneedecke. Sie schützt den Boden vor Frost und die Pflanzen vor der berüchtigten Frosttrocknis.

1.12.: „Hat Elidius sich mit dem Winter verbündet, dies für Wochen von Schneefall kündet."

Adventschnee bedeutet meist einen anhaltenden und harten Winter, der oft mit viel Schneefall verbunden ist.

4.12.: „Knospen an Sankt Barbara, sind zum Christfest Blüten da."

Barbarazweige dienen bis heute als Orakel oder Wetterweissagungszweige. Blühen sie vor Weihnachten, so wird ein rascher Frühling heraufziehen. Sollten sie erst nach He ligabend blühen, dann bleibt der Winter noch lange.

„Es folgte noch allezeit und immerdar auf kalten Dezember ein fruchtbar Jahr."

Ist der Winter kalt, so bedeutet es auch, dass im kommenden Jahr mit weniger Ungeziefer zu rechnen ist.

Nutz-garten auf einer kleinen Fläche

Grün statt grau: Das Flachdach unseres Wohnhauses nutzen wir ebenfalls als Garten. Im Sommer trägt der Dachgarten auch zur Kühlung des Hauses bei.

Bevor ich es zu einem eigenen Garten brachte, hatte ich es nur mit Topfgärten zu tun. Aufgewachsen bin ich mitten in einem Dorf. Wir hatten keinen Garten und so versuchten wir in den warmen Monaten, zumindest auf dem Balkon das eine oder andere anzupflanzen. Viel war es nicht, aber wir konnten immerhin einige Kräuter ernten. Als ich mit 25 zusammen mit meinem heutigen Mann in die erste eigene Wohnung zog, hatten wir nur eine kleine Terrasse. Nach und nach nutzte ich diese Fläche, um nicht nur Blumen, sondern auch etwas Gemüse zu ziehen. Ich reihte Topf an Topf und probierte auch alles Mögliche aus. Wenn ich heute im Garten Töpfe nutze, dann meist für Sonderkulturen. Die Urban-Gardening-Bewegung hat mittlerweile eine große Anhängerschaft und dementsprechend groß ist auch das Angebot an unterschiedlichen Utensilien, Topf- und Basics-Arten, Saatgut und Pflanzen für den Topfgarten sowie Spezial-Substraten. Ich selbst habe vor vielen Jahren mit den Kindergartenkindern meines Heimatdorfes das Projekt „Der Garten im Kistel“ gestartet. Seitdem begleite ich ab und zu Projekte mit Kindern, die mit diesen Aktionen lernen, was es heißt, frische Lebensmittel selbst anzubauen und zu ernten. Ich finde es interessant, wie mancherorts auf kleinstem Raum gegartelt wird. In Spanien und Portugal sieht man oft in den Innenhöfen Wandgärten. In anderen südlichen Ländern, etwa in Marokko, werden aber auch Dachterrassen als Gärten genutzt. Dies konnte ich in Marrakesch beobachten. In Brüssel hingegen gibt es teilweise kleine Gemeinschaftsgärten in den Hinterhöfen von Mehrparteienhäusern oder Gartenareale, in denen den Bürgerinnen und Bürgern von der Gemeinde kleine Parzellen zur Verfügung gestellt werden. Ein Ort für tolle Gartenerfahrungen und den Austausch zwischen verschiedenen Kulturen sind auch Gemeinschaftsgärten. Genauso befriedigend und erfüllend kann aber auch das meditative Garteln auf dem eigenen Balkon sein. Die Voraussetzungen kannst du schaffen, indem du dir die richtige Ausstattung besorgst.

Töpfe, Behälter, Taschen: ein kleiner Überblick

Neben der Lage und Ausrichtung des Balkons, der Terrasse oder des Fensterbretts spielen auch die Größe und die Beschaffenheit der Töpfe eine wichtige Rolle.

→ **Runde Töpfe** sind gut geeignet, um einzelne Pflanzen zu kultivieren. Solche Töpfe nutze ich gerne für Kräuter. Der einzige Nachteil: Sie brauchen oft viel Platz.

→ **Eckige Behälter und Kisten** lassen sich platzsparender anordnen. Sie sind ideal für Aussaaten in Reihen. Hier kann man auch auf Plastikkisten oder Holzkisten ausweichen. Diese müssten dann aber eventuell mit Teichfolie ausgelegt werden.

→ **Balkonkästen** sind bestens geeignet für die Kultur im Balkongeländer und können auf einer angenehmen Arbeitshöhe angebracht werden. Sie sind ideal für schnellwüchsige Kulturen (Salat, Mangold ...) oder für dauerhafte Kulturen (wie Erdbeeren) mit wenig Wurzelbildung.

→ **Etageren und Hängeampeln** können aus diversen Materialien bestehen. Sie sind auch platzsparend, da die Pflanzen in ihnen entweder nach oben wachsen oder von oben herabhängen.

→ **Beet-Taschen und Weidenboxen** wurden speziell für den Anbau im Kleinformat entwickelt. Es gibt sie in unterschiedlichen Größen und Formen.

- **Textile Pflanztaschen** sind wegen ihrer Form und des Tragekomforts für Terrassen und Dachgärten besonders geeignet.

- **Säcke aus natürlichen Materialien (Jute) oder Kunststoffgewebe (Reissäcke)** werden vor allem für den Anbau von Kartoffeln genutzt. Meistens reicht der Platz nur für fünf Keimkartoffeln.

- **Mauerkübel** sind speziell angefertigte Behälter für die Mauern. Ich habe sie häufig in den Innenhofgärten von Andalusien und der Algarve gesehen. Meist sind sie nur für Solitärpflanzen geeignet.

- **Pflanztaschen für Wände** werden aus speziellen Materialien angefertigt, sodass das Mauerwerk nicht nass und schmutzig wird.

- **Tisch- und Hochbeete** sind meist aus Holz. Man kann sie eventuell vom Tischler auf Maß anfertigen lassen. Es empfiehlt sich, zumindest den Innenbereich mit Teichfolie auszukleiden. Tisch- und Hochbeete eignen sich für jede Kultur.

Kleiner Tipp: Um Staunässe zu vermeiden, sollten Behälter stets ein Loch haben. Falls du nur dichte Behälter verwenden kannst, weil sonst der Nachbar im Stock darunter das Wasser abbekommt, rate ich dir, eine Drainage anzulegen. Dazu kannst du alte Tonscherben, Blähton oder Tongranulat verwenden. Die Drainageschicht dient als Zwischenlagerung für überschüssiges Wasser. Auf die Drainage solltest du ein Vlies legen, damit die Erde sich nicht mit der Drainageschicht vermischt.

Es gäbe noch zahlreiche andere Pflanzgefäße. Hier kannst du auch kreativ sein und das ein oder andere ausprobieren.

Der
Boden

Dass der Boden das wichtigste Gut eines Gartens ist, versteht man oft erst dann, wenn die Pflanzen nicht richtig gedeihen oder überhaupt nicht mehr wachsen wollen. In den meisten Fällen geht man daraufhin in die Gärtnerei und kauft dort einen Spezialdünger. Und genau hier liegt der Fehler, denn häufig ist der Boden nicht unter-, sondern falsch versorgt oder gar überdüngt. Deshalb gehe ich hier auf die besten und wirksamsten Maßnahmen und Tipps zur Bodenpflege ein.
Unsere Böden mitsamt der lockeren Humusschicht sind vor ca. 16.000 Jahren entstanden und bilden die Grundlage für jegliche landwirtschaftliche Produktion. Deshalb gilt:

Gesunder Boden – gesunde Pflanzen – gesunde Tiere – gesunder Mensch.

Sobald uns dies bewusst ist, können wir nicht nur nachhaltige Landwirtschaft betreiben, sondern auch gleichzeitig etwas für unsere Gesundheit und für den Umweltschutz tun. Wie, das zeige ich dir in den nun folgenden Kapiteln.

Nehmen und geben

„Aus der Erde sind wir gekommen, zu Erde sollen wir wieder werden." Man muss nicht gläubig sein, um diesen Satz aus der Bibel für wahr zu halten, denn auch biologisch gesehen kommen wir aus der Erde. Wir sind in unserem Boden tiefer verwurzelt, als uns vielleicht bewusst ist. Deshalb sollten wir so sorgfältig wie nur möglich mit ihm umgehen, denn unsere Mutterböden sind unsere Lebensgrundlage, unsere Existenz. In den letzten 50 Jahren haben unsere Böden durch eine falsche Bearbeitung schwer gelitten. Mittlerweile ist ein Drittel des uns wichtigen Mutterbodens abgetötet worden und verschwunden, u. a. durch Verbauungen, chemische Düngung und Spritzung. Dabei sollte uns bewusst sein, dass ohne einen Mutterboden kein Anbau möglich ist und wir verhungern würden.
Ein guter Mutterboden kommt nicht von ungefähr: Wir

können viel dafür tun und ihn verbessern, erhalten und wiederaufbauen, indem wir nachhaltig und bewusst mit ihm umgehen. Wie können wir das bewerkstelligen? Die Antwort ist einfach: In der freien Natur gibt es selten frei liegende Flächen; sie sind immer bewachsen, wenn auch spärlich. Dabei ist es wichtig, dass unser Boden, wenn er auch gerade nicht genutzt wird, immer bewachsen ist. Der Boden schützt sich selbst, indem er brachliegende Landstriche sofort renaturiert und mit neuen Pflanzen bepflanzt. Zuerst kommen meist Ruderalpflanzen, dann irgendwann Stauden, Sträucher und Bäume. Warum unsere Natur so reagiert, ist ganz einfach zu erklären. Die Erde würde sofort austrocknen, das Wasser würde nicht mehr gespeichert und würde ablaufen. Bei Starkregen wird viel Humus abgeschwemmt, und auch der Wind trägt offen liegenden Mutterboden ab und verbläst ihn. Deshalb sollten wir alles daransetzen, keine Flächen offen liegen zu lassen, und das, was wir entnehmen, mit der Zeit zurückführen. Alles, was dem Garten und dem Mutterboden entnommen wird, muss auch wieder zurückgeführt werden. Dies nennt man „Kreislaufwirtschaft". Sie ist nicht nur für den

Boden wichtig, sondern auch überlebenswichtig für alle Menschen. Deshalb heißt dieses Kapitel „Nehmen und geben". Guter Humus muss hart erarbeitet werden. Damit eine 4 Zentimeter starke Humusschicht entsteht, braucht es ca. 100 Jahre. Wir können diesen Prozess allerdings beschleunigen, indem wir mit unseren Böden richtig umgehen. Welche Faktoren dabei eine Rolle spielen, erfährst du in den folgenden Kapiteln.
Fast noch wichtiger ist mir aber, dir das Bewusstsein mitzugeben, dass wir nur Gäste dieser Erde sind, dass sie uns nicht gehört, sondern dass wir sie lediglich mitgestalten dürfen. Deshalb gefällt mir der Gedanke, dazu beitragen zu können, dass auch meine Nachkommen eine intakte Natur vorfinden, die sie auch für ihre eigene Existenz nutzen können. Ein Stückchen Garten, der gesund und fruchtbar ist, und dazu das Wissen, wie man es sich bewahrt.
Es muss aber nicht unbedingt ein Garten sein, denn auch auf kleinem Raum kannst du viel ernten. Auch mit einer Topfwirtschaft kannst du viel für die Umwelt tun. In vielen Städten beginnt man sich darüber Gedanken zu machen, wie man mit begrünten Flächen zum Klimaschutz beitragen kann. Warum also nicht die Balkone, Fenster, Dächer, Hauswände nutzen und begrünen? Vielleicht kannst du mit der Vermieterin, der Hausverwaltung, dem Hausbesitzer

Biologisches und naturnahes Gärtnern heißt für mich, mit den Jahreszeiten und mit der Natur zu agieren. Der Garten sieht dabei oft wilder aus, als es viele gewohnt sind. Dafür ist er gesund!

oder der Gemeinde ein kleines Gartenprojekt starten, z. B. einen Innenhof in einen Gemeinschaftsgarten umwandeln, ein Dach und/oder die Hauswand begrünen und so auch eine bessere Wärmedämmung erzielen. Man trägt damit nicht nur zum Klima- und Naturschutz bei, sondern man wird auch zu sommerlichen Stadtbauern und -bäuerinnen, tut einen Schritt in Richtung Selbstversorgung und schont zudem den Geldbeutel. Aber dazu muss man auch die Kreisläufe der Natur verstehen und diese bewusst zum eigenen Vorteil zu nutzen wissen. Deshalb gehe ich nun näher auf diese Kreisläufe ein.

Kreisläufe, Ökosysteme und Umweltschutz

In der Natur gibt es mehrere Kreisläufe: den Kreislauf des Wassers, den Kreislauf des Bodens, den Kreislauf des Kohlenstoffs, jenen der Luft und viele andere mehr. Die Gesamtmenge der sich im Kreislauf befindlichen Ressourcen bleibt dabei immer gleich. Allerdings werden sie durch die menschliche Nutzung anders verteilt und oft wird der Kreislauf sogar angehalten. Mit jeder Unterbrechung stören wir natürliche Prozesse, und das hat zur Folge, dass die Ressourcen am falschen Ort landen. So gelangen etwa häufig Kohlenstoffe in den Müll statt auf den Kompost und werden somit nicht mehr in die Erde zurückgeführt. Auch befinden sich viel überschüssiger Stickstoff, Phosphor und Kalium in unseren Gewässern anstatt in den Pflanzen, da diesen Stoffen der Speicher wie Holzkohle oder Tongehalt im Boden fehlt, sie durch den Regen ausgeschwemmt werden und schließlich im Meer landen. Es ist also wichtig, dass man sich vor Augen hält, wie natürliche Zersetzungs- und Wiederverwertungsprozesse ablaufen und wie der natürliche Kreislauf aufrechterhalten werden kann. Deshalb liegt mir auch bewusstes Recycling am Herzen: Die Wertstoffe werden wiederverwertet und sozusagen zu neuem Leben erweckt.

CAFE

Recycling bedeutet für mich, dass ich jene Materialien so lange wie möglich wiederverwerte oder umwandle, die sich durch ihren natürlichen Verarbeitungsprozess wieder in organische Komponenten zurückführen lassen. So führe ich auch einen alten Wollpullover oder Kleidungsstücke aus anderen Naturmaterialien zurück in den Boden, indem ich sie zerkleinere und den Verrottungsprozess nutze. Ein alter Schuh wird zum Vogelnest umgewandelt, aus einer Dose oder einem Glas mache ich ein Insektenhotel oder eine Futterstation für Vögel.

Du kannst mehr im Garten wiederverwenden oder dem Boden zurückführen, als dir vielleicht bewusst ist. Auch hier gilt das Prinzip „Nehmen und geben". Alles, was wir Mutter Natur entnehmen, ihr entreißen, muss auf dem richtigen Weg wieder zurückgeführt werden. So bilden der eigene Garten, ein Topfgarten, Vorgarten, Dachgarten oder gar eine Wandbegrünung jeweils Kreisläufe und werden zu geschlossenen Ökosystemen. Mit den richtigen Handgriffen können wir diesen Kreislauf stärken, indem wir das nachahmen, was Mutter Natur von selbst macht. In jedem, wenn auch noch so kleinen Ökosystem können wir nicht nur den Kreislauf erhalten, sondern auch so manch anderer Spezies ein Zuhause geben.

Mir ist in den letzten Jahren mehr und mehr bewusst geworden, welchen Einfluss wir auf unsere Umwelt ausüben und wie viel wir im Gegenzug tun könnten, um einen intakten Planeten zu hinterlassen. Du solltest etwa wissen, dass unser Mutterboden samt seinen Pflanzen das beste Speicherorgan für CO_2 ist. Ein gut bewirtschafteter Boden kann Tonnen von CO_2 speichern. Dabei muss er nur richtig bearbeitet werden, er darf nicht brach (nackt) liegen bleiben, sondern muss durch einen ständigen Bewuchs und den sich darauf aufbauenden Humus gekräftigt werden. Darauf werde ich im Kapitel zur Terra Preta näher eingehen. Auch die Effektiven Mikroorganismen (EM) sind für unseren Boden lebenswichtig, damit auf ihm gesunde Pflanzen gedeihen können. Vielleicht ist dir aufgefallen, dass einige Stadtpflanzen oder Pflanzen am Straßenrand richtig groß sind? Nun, Pflanzen brauchen Kohlenstoff, um

Manchmal kann man bei Grabungen die diversen Erdschichten sehen. Oft ist der Humus aber auch nur eine dünne, kaum wahrnehmbare Schicht.

ordentlich zu wachsen. Ich kann mich erinnern, dass wir manchmal die Luft in den Gewächshäusern mit Kohlenstoff anreicherten, um das Wachstum zu fördern. Auch deshalb bin ich für mehr Grün in den Städten.

Humus

Als Humus wird die oberste fruchtbare Schicht des Bodens bezeichnet. Je größer die Menge, umso ertragreicher ist der Boden. Es ist die Schicht, welche die strukturellen Eigenschaften, den Lufthaushalt, die Durchwurzelbarkeit sowie die Nährstoff-, die Wasser- und die Kohlenstoffspeicherung bestimmt. Besitzt ein Boden zu wenig Humus, so spricht man in der Fachwelt von einem leblosen Boden. Je mehr Humus vorhanden ist, umso lebendiger ist er. Das hat zur Folge, dass in ihm Stickstoff und andere Nährstoffe gespeichert werden können. Zudem ist er von der Struktur her krümelig und recht locker. Damit kann er das Wasser besser absorbieren und dieses gut speichern. Die Wurzeln können sich tiefer eingraben und den in den Pflanzen enthaltenen Kohlenstoff besser in das Erdreich einlagern. Deshalb möchte ich dir nun die Faktoren, die mit Humus und Humusmangel verbunden sind, in Stichworten anführen.

Gesiebte Komposterde für den Garten

Was kann Humus?
Nährstoff und Lebensraum für zahlreiche Bakterienstämme (EM) bieten
die Entwicklung stickstoffbildender Bakterien und humusbildender Strahlenpilze (Mykorrhiza) fördern
das Zweieinhalbfache seines Gewichtes an Wasser speichern
die Nährstoffmobilität (Austausch von Nährstoffen zwischen Boden und Pflanze) fördern
Pflanzen und Wasser gegen toxische Konzentrationen und Schadstoffe abschirmen
die CO_2-Bindung über die Pflanzen und deren Wurzeln fördern, da kräftigere Pflanzen und Wurzeln mehr Kohlenstoff aufnehmen und im Boden binden können

Welche Folgen hat Humusmangel?
Verlust der Bodenstruktur
Schwinden des Wasserhaltevermögens des Bodens → das Wasser läuft ab, Muren und Überflutungen werden ausgelöst
Verminderung des Bodenlebens (lebloser, unbrauchbarer Boden)
Hemmung des Gasaustausches im Boden: Selbst der Boden atmet. Fehlen EM, Pilze und Pflanzen/Wurzeln, so findet der Atmungsprozess nicht statt.
fortlaufende Zunahme des Schädlings- und Krankheitsbefalls der Pflanzen

Damit ist klar, wie wichtig der Humusanteil im Boden ist. Erst ein gesunder Humus ermöglicht das Gedeihen einer Pflanze. Zudem ist er eine wichtige Grundlage allen Lebens. Zuerst werde ich die drei wichtigsten Helfer der

Humusschicht erklären, darauf dann die Bodenstrukturen und Maßnahmen zur Verbesserung des Bodens. All diese Maßnahmen können auch auf kleine Anbauräume übertragen werden. Dabei muss man nur die benötigten Mengen beachten. Im Kapitel „Kompostieren“ findest du vielleicht das Passende für deinen Bedarf.

Mikroleben

Die Fauna unseres Gartens besteht nicht nur aus Insekten, Schnecken, Mäusen, Schmetterlingen, Bienen, Vögeln, Reptilien und größeren Säugetieren. Tief verborgen im geheimen Untergrund leben unzählige Heinzelmännchen: unsere Kleinstlebewesen, Mikroorganismen! Ob in Form von Bakterien, Viren oder Pilzen: Alle zusammen tragen dazu bei, dass unser Garten gedeihen und leben kann. Es ist mein wichtigstes Gartenpersonal und als solches unbezahlbar. Deshalb fördere ich diese Heinzelmännchen, indem ich ihnen genügend Nahrung gebe, damit sie ihre unermüdliche Arbeit verrichten können.

Die Mikroorganismen kann man nicht mit bloßem Auge erkennen; unbezahlbar für einen gesunden Boden sind sie trotzdem.

Wie wichtig Mikroorganismen sind, zeigen uns die wissenschaftlichen Studien diverser Universitäten weltweit zur Renaturierung von verseuchten, toten und unwirtschaftlichen Böden. Die wohl bekanntesten Studien zur Bodenverbesserung und -belebung stammen vom Japaner Prof. Dr. Teruo Higa. Er impfte verschiedene Mikroorganismen in den Boden ein. Durch regelmäßige Untersuchungen wurde deren Wirksamkeit erforscht. So konnte man feststellen, dass in Abbaugebieten von Uran sowie bei anderen chemisch verseuchten Böden diese Stoffe an die Wurzeln der Pflanzen geheftet wurden oder von den Pilzgeflechten und Mikrolebewesen im Boden gehalten wurden. Dadurch gelangten diese giftigen Stoffe nicht mehr in das Grundwasser und störten den Kreislauf des Wassers nicht. Zwar ist deshalb der Boden noch lange nicht gesund, das wäre in so kurzer Zeit zu viel verlangt, aber es ist allemal ein Anfang. Auch zur Speicherung von CO_2 tragen diese Kleinstlebewesen ihren Teil bei, denn sie helfen bei der Verrottung von organischen Stoffen und auch beim Aufbau von Humus.

EM: die Stars unserer Böden

Effektive Mikroorganismen, auch als EM bekannt, sind zweifellos die Stars unserer Erde, denn ohne ihre Arbeit, die seit Milliarden von Jahren andauert, würde es die Artenvielfalt unseres Planeten nicht geben und uns Menschen erst recht nicht. Diese Pilze, Viren und Bakterien waren zunächst dafür verantwortlich, unseren Planeten bewohnbar zu machen. Unter schwersten Bedingungen zersetzten sie den Eisenmantel unseres Planeten, bauten Humus auf und säuberten unsere Luft ($4NO_2$), indem sie Sauerstoff (O_2) produzierten und den Stickstoffgehalt (4N) der Luft reduzierten, sodass sie für uns Menschen erst atembar wurde. EM sind nicht nur in unseren Böden, im Wasser, in unserer Luft, sondern auch in unserem Organismus zu finden. Sie können zu Recht als unser Lebenselixier betrachtet werden. Selbst unser Darm beherbergt bis zu 2 kg EM, unsere Erde hingegen unzählige Tonnen davon.

Gegen auftretenden Birnengitterrost sind bislang leider keine biologischen Mittel bekannt. Deshalb solltest du davon absehen, asiatische Wacholderarten in den Garten einzuführen, denn sie sind die Trägerpflanzen des Pilzes.

Unter den EM gibt es sauerstoffliebende (aerobe) und sauerstoffscheue (anaerobe). Letztere bilden ein effektives unterirdisches Netzwerk, das unseren Pflanzen die Möglichkeit bietet, auf den unmöglichsten und unwirtlichsten Flecken unseres Planeten überhaupt zu existieren. Hier sollte ein Gleichgewicht herrschen, denn man spricht von den „guten" Organismen, die 10 % ausmachen und zu denen Milchsäurebakterien und Hefen gehören, den „neutralen", die 80 % ausmachen und sich jeweils auf die dominierende Seite schlagen, und den „bösen", die abermals 10 % ausmachen; unter ihnen befinden sich Fäulnisbakterien und alle Schimmelpilzarten. Wenn etwas also fault oder schimmelt, dann solltest du dir Gedanken machen, was da schiefläuft. Wenn du gegensteuern möchtest, kannst du mit Molke, Milch, Sauerkrautwasser oder den EM-Präparaten arbeiten. Heute verstehe ich mehr denn je, warum meine Großeltern mit Milch, Milchabfallprodukten, Krautwasser, Kompost und sogar den Latrinenabfällen arbeiteten. Denn in ihnen finden wir unsere kleinen Helfer, unsere Heinzelmännchen. Genau genommen sind diese EM lebensnotwendig, denn ohne sie könnten unsere Pflanzen weder gedeihen noch die nötigen Stoffe, die sie selbst brauchen, als Inhaltsstoffe speichern und dadurch als unsere Nahrung dienen und für unsere Gesundheit sorgen. Es handelt sich also um ein stetes Nehmen und Geben, und dies gilt nicht nur im Garten, sondern auch für uns. Im Grunde genommen steht und fällt alles mit diesen Symbiosen. Deshalb sind sie wichtig für unseren Mutterboden, denn unsere Nahrung kann nur so gut sein wie unser Boden selbst.

Kleiner Tipp: Für einen Balkon- oder Topfgarten ist es sinnvoll, einen Bokashi-Kübel anzuschaffen, denn dieser ersetzt euch den Kompost und die in der untersten Abteilung des Gefäßes angesammelte Flüssigkeit ist mit EM bestückt. Ansonsten kannst du EM auch als Fertigprodukt bei einigen spezialisierten Betrieben im Internet kaufen.

Kleiner Tipp: EM-Lösung: Winterspritzung und Jahreskräftigung gegen Birnengitterrost

Mykorrhiza

Weitere Bodenhelfer sind die Mykorrhiza-Geflechte. Es handelt sich dabei um eine Form der Symbiose von Pilzen und Pflanzen, bei der ein Pilz mit dem Feinwurzelsystem einer Pflanze in Kontakt steht. Von diesen Geflechten gibt es über hundert Arten, im Garten sind vor allem die arbuskulären Mykorrhizapilze (AM) von Bedeutung. Diese Pilzgeflechte helfen den Pflanzen, die vorhandenen Nährstoffe, Wasser und Spurenelemente besser aufzunehmen. Zudem erhöhen sie die Widerstandsfähigkeit der Pflanzen. Im Austausch von Wasser und Nährstoffen mit dem Pilzgeflecht gibt die Pflanze dem Pilzmyzel Kohlenhydrate ab. Viele dieser Pilzgeflechte haben sich auf Symbiosen mit ganz bestimmten Pflanzenarten spezialisiert. Stirbt einer der Symbionten („Partner“ der Symbiose), so ist auch das Überleben des oder der anderen gefährdet. Es gibt Pilzgeflechte, die sich mit mehreren Pflanzen zusammengeschlossen haben und deren Versorgung und Wachstum gewährleisten. Diese Geflechte können riesig werden und oft mehrere Quadratkilometer groß sein. Hier spricht man oft von „Hexenringen“, die besonders gut in unseren Wäldern zu sehen sind, wenn wir Pilze sammeln. Was wir in der Alltagssprache als Pilz bezeichnen, ist lediglich der oberflächliche Fruchtkörper von so manchem Pilzmyzel.

Die unterirdischen Pilzgeflechte sind für Pflanzen lebenswichtig. Wir nehmen meist lediglich die Fruchtkörper dieser Pilze wahr.

Allerdings bilden bei Weitem nicht alle Geflechte diese Fruchtkörper. Zudem gibt es einige Pilzarten, die keine Symbiosen eingehen, sondern zu den Zersetzern gehören: Sie zersetzen organisches Material in Humus. Dabei unterscheiden wir zwischen primären Zersetzern (Baumpilze wie Zunderschwamm, Judasohr, Austernseitling …), die Holz mit ihrem Pilzgeflecht zersetzen, und sekundären Zersetzern (z. B. Tintenschopfling), die bereits vorverdautes oder verrottendes holziges Material weiterzersetzen. Diese Pilze findet man häufig auf Kompost- oder Misthaufen.

Regenwürmer sind wichtige Indikatoren einer lebendigen Gartenerde.

Der Regenwurm

Die Regenwürmer sind die Könige, Superstars und Schwerstarbeiter des Erdreichs sowie die wahren Gärtner unseres Planeten. Mit mehreren Tausend Arten sind sie weltweit vertreten. In Europa kann man um die 46 verschieden große Arten unterscheiden. Normalerweise werden sie in unseren Breitengraden maximal 30 Zentimeter lang, nur in Australien gibt es Arten, die bis zu 2 Meter lang werden. Dieser Wurm ist wichtig für unseren Garten, da er den Boden lüftet, lockert und umgräbt. Durch diese Arbeit wird unser Boden belebt, denn auch der Regenwurm ist die Symbiose mit den EM eingegangen. Da er

„Der liebe Gott weiß, wie man fruchtbare Erde macht, und hat sein Geheimnis den Regenwürmern anvertraut.“

(Französisches Sprichwort)

Kleiner Tipp: Für Kleingärten in der Stadt habe ich dir im Kapitel zum Kompost die Vorteile der Regenwurmkiste bzw. des Wurmkomposts aufgelistet. Auf YouTube findest du auch Anleitungen zum Bau einer solchen Kiste.

keine Zähne besitzt und somit keine Pflanzenreste fressen kann, verdauen die EM für ihn pflanzliche Überreste so weit vor, dass sie der Regenwurm als Nahrung zu sich nehmen kann. Wer keine Regenwürmer im Garten hat, der sollte sich fragen, warum das so ist. Ein zu sauberer und aufgeräumter Boden hat nichts zum Verarbeiten (Verrotten) übrig. Ist kein Verrottungsmaterial vorhanden, so stirbt auf lange Sicht der Boden ab. Deshalb ist es wichtig, dass du über den Winter nicht abräumst, den Boden nie brach liegen lässt, nicht den Boden umwirfst (Umwerfen = Umstechen), ihn regelmäßig mulchst usw. So kannst du auf lange Sicht jeden Boden fruchtbar machen und seine Struktur verbessern. Man konnte feststellen, dass in chemisch behandelten Böden nur etwa 30 Lebewesen pro Quadratmeter leben, während in guten Böden bis zu 450 Exemplare gefunden wurden.

Bodenstruktur

Welche Eigenschaften weist der Boden auf? Ist er grob oder fein? Es gibt unterschiedliche Arten von Böden. Wir können die Böden anhand ihrer Struktur und ihres pH-Wertes einteilen und erkennen. Je nach Bodenart finden Pflanzen auch unterschiedliche Voraussetzungen für ihr Wachstum. Wächst ein Löwenzahn auf einem sandigen Boden, dann wird er kleinwüchsiger sein als ein Löwenzahn im humusreichen Boden. Wenn man einmal weiß, mit welcher Bodenart oder Struktur man es zu tun hat, kann man den Boden auch gezielt bearbeiten und ihm jene Stoffe zuführen, die ihm für eine gute Qualität fehlen. Wie wichtig dieses Wissen ist, zeigen uns unsere Pflanzen. Gedeihen sie nicht, so liegt das sicherlich nicht am fehlenden Spezialdünger, sondern an der falschen Bodenstruktur, am fehlenden Humus oder an den nicht vorhandenen Bodenlebewesen. Mit nur wenigen richtigen Handgriffen kannst du viel bewirken.

Kleiner Tipp: Bei Töpfen sind Eingriffe in den Boden wesentlich leichter, da diese schnell mit wenigen Handgriffen bearbeitet oder für Pflanzungen vorbereitet werden können. Hier kannst du die Bedürfnisse der Pflanzen sofort erfüllen oder gar spezielle Erden zusammenmischen, um die gewünschte Bodenqualität zu erreichen.

Lehmiger Boden hat je nach Region eine leicht bräunliche bis gelbliche, manchmal sogar rötliche Färbung. Bei uns im Garten ist er leicht bräunlich grau gefärbt.

Schluffige Böden unterscheiden sich häufig nur durch ihre stärkere Graufärbung von sandigen Böden.

Freilich musst du zuerst herausfinden, was ein Boden oder eine Pflanze benötigt, um zu gedeihen. Selbst für mich ist es oft ein Tüfteln und Testen. Manchmal muss ich Pflanzen wieder aus dem Boden nehmen und an einer anderen Stelle einpflanzen, weil ich den Boden nicht anpassen möchte, da sonst die bereits vorhandenen Pflanzen eingehen würden.

Sandiger Boden

Sandboden besteht meist aus großen Partikeln. Er ist leicht und lässt sich gut bearbeiten. Sandige Böden erwärmen sich im Frühling rascher als andere Erden, kühlen aber im Herbst auch genauso schnell wieder ab. Deshalb ist diese Bodenart für empfindliche Pflanzen bestens geeignet. Einen sandigen Boden kann ich mit Kompost, Stallmist und Terra Preta aufbessern.

Sandige Böden sind sehr oft ziemlich trocken.

Schluffiger Boden

Schluff liegt in seiner Konsistenz zwischen Sand und feinem Ton. Seine Bodenpartikel sind mittelgroß gekörnt, kleiner als Sand, aber größer als Ton. Schluffiger Boden wird mit gut abgelegenem Stallmist, Terra Preta oder Humus aufgebessert, indem diese Zusätze in die obere Bodenschicht eingearbeitet werden.

Lehmiger Boden

Diese Bodenart besteht aus kleinen Partikeln, verklumpt aber oft. Weist der Boden einen 40%igen Tongehalt auf, so wird er undurchdringbar. Lehmige Böden sind nährstofffrei und halten lange Feuchtigkeit. Meist müssen solche Böden nur im Frühjahr gedüngt werden. Da sie lange brauchen, um sich so zu erwärmen, dass Gartenbau möglich ist, ist Lehm im Jahreskreis eine der letzten Bodenarten, die bepflanzt werden kann. Im Winter kann er dafür die Wärme für lange Zeit halten. Aufbessern kannst du diesen fein strukturierten Boden mit Sand, Kompost, Humus, etwas Kies und Terra Preta.

Für Lainnen und Laien ist bei einer pH-Wert-Messung der herkömmliche Schnellteststreifen am einfachsten zu bedienen.

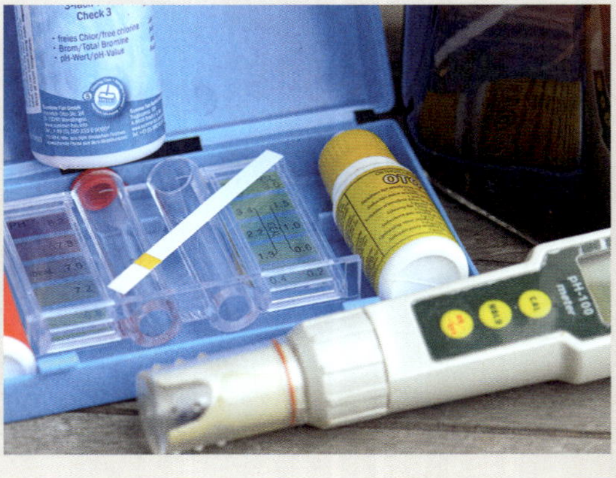

pH-Wert: der Charakter der Erde

Der pH-Wert liefert uns Informationen über den Charakter der Erde. Ein Boden kann sauer, basisch oder neutral sein. Die meisten Pflanzen bevorzugen einen neutralen oder einen leicht sauren Boden, aber es gibt auch Ausnahmen.

pH-Wert-Skala

sauer: 1–6 / neutral: 7 / basisch: 8–14

pH-Wert messen

Früher schickte man Bodenproben ins Labor. Mittlerweile gibt es aber auch schnellere Möglichkeiten, den pH-Wert zu bestimmen. Meist wird die Messung mit Schnellteststreifen oder mit eigenen Messgeräten durchgeführt.

Die oberste Erdschicht entfernen und ca. 20 cm tief graben. Aus dieser Tiefe 200 ml Erde entnehmen.

Die Erde in einen großen Behälter mit Deckel geben und destilliertes Wasser mit Erde im Verhältnis 2 : 1 vermischen.

Nicht vergessen, den Behälter zu verschließen, 2 Minuten schütteln.

Mindestens 10 Minuten warten, damit die Erde Zeit hat, sich zu setzen.

Den Teststreifen oder das Testgerät in das Wasser stecken. Dabei die den Testgeräten beigefügten Anweisungen beachten.

Nun kann das Ergebnis abgelesen werden und man sieht, welchen pH-Wert der Boden aufweist.

pH-Wert beeinflussen

Ein höheren pH-Wert erzielst du mit der Zugabe von Kalk, Gesteinsmehl, Holzasche oder Algenkalk. Um den pH-Wert zu senken, führst du hingegen Torfmull zu. Da saurer Regen, aber auch chemische Veränderungen der Luft, des Wassers oder unserer Umwelt sowie Düngergaben oder eventuell Spritzungen unsere Böden beeinflussen, ist es meist vonnöten, den pH-Wert des Bodens zu erhöhen.

Ideale pH-Werte verschiedener Böden

Kohl: 6,5–7,5 (leicht sauer bis leicht basisch)
Rosen: 6,5–7,0 (leicht sauer bis neutral)
Blattgemüse: 6,5–7,0 (leicht sauer bis neutral)
Erdbeeren: 6,0–7,0 (sauer bis neutral)
Beerensträucher: 6,0–7,0 (sauer bis neutral)
Rasen: 6,0–6,5 (sauer)
Kartoffeln: 5,5–6,5 (sauer)
Himbeeren: 5,5–6,5 (sauer)
Nadelgehölze: 5,0–6,0 (sauer)
Moorbeetpflanzen: 5,0 (sauer)

Zeigerpflanzen

Ob im Tierreich oder in der Pflanzenwelt, die Natur setzt immer auf Zeichen. Sie sind allgegenwärtig und man muss sie nur sehen, lesen und verstehen können. Es gibt verschiedene Pflanzenarten, die uns mit ihrer Präsenz verraten, welche Beschaffenheit ein Boden aufweist und ob wir Maßnahmen setzen müssen, um ihn zu verändern. Hier habe ich dir die wichtigsten Zeigerpflanzen aufgelistet und jeweils angegeben, auf welche Bodenbeschaffenheit

Die Brennnessel zeigt uns einen nährstoffreichen Boden an. Zudem ist sie die effektivste Pflanze für die Gartengesundheit, denn sie schützt nicht nur präventiv, sondern hilft auch aktiv im Pflanzenschutz.

sie verweisen. Denn wer sie zu lesen weiß, der spart sich oftmals teure Bodenanalysen. Sehr häufig nutze ich die so gewonnenen Erkenntnisse, um zu entscheiden, was ich wo pflanze, oder ich führe dem Boden das zu, was ihm fehlt. Ausführungen dazu findest du in den einzelnen Kapiteln (wie „Bodenstruktur", „pH-Wert" ...) des Buches. Die Zeigerpflanzen zeigen uns an, was im Boden vorhanden ist, und wir können nun mit der entsprechenden Pflanzung beginnen, indem wir solche Pflanzen auswählen, die zu diesem Boden passen. Ansonsten kannst du den Boden mit verschiedenen Maßnahmen auch verändern. Bei einem kalkhaltigen Boden greife ich eher zu Pflanzen, die sich auf Kalk spezialisiert haben. Dazu gehören die meisten Kräuter (Lavendel, Rosmarin, Oregano ...), die wir kennen. Bei einem kaliumarmen Boden führe ich eventuell Kalium zu, bei einem stickstoffhaltigen Boden hingegen pflanze ich stickstoffliebende Pflanzen (Tomaten, Zucchini, Kürbis ...). Ich nutze bei solchen Böden gern die Mischkultur und Gründüngung, da diese oft einen Ausgleich bringen. Es liegt an uns selbst, ob wir dieses Wissen nutzen und einen Boden so belassen, wie er ist, oder ob wir eingreifen. Diese Tabelle soll dir eine Unterstützung sein, damit du dank der bereits in deinem Garten/Beet vorhandenen Gewächse einen Anhaltspunkt hast, mit welcher Bodenbeschaffenheit du es jeweils zu tun hast.

Nährstoffreicher Boden	Kalkhaltiger Boden	Kaliumarmer Boden
Acker-Hellerkraut Gewöhnlicher Beifuß Große Brennnessel Weißer Gänsefuß Gewöhnlicher Giersch Gewöhnliches Greiskraut Wiesen-Kerbel	Acker-Senf Acker-Winde Blut-Storchschnabel Ehrenpreis Klatschmohn Kohl-Kratzdistel Sand-Thymian Gewöhnliche Wegwarte	Hopfen-Luzerne Gewöhnliche Schafgarbe Wiesen-Flockenblume
Mullarmer Boden	**Stickstoffreicher Boden**	**Kaliumhaltiger Boden**
Korn-Flockenblume Echter Vogelknöterich Saat-Wucherblume	Große Brennnessel Guter Heinrich Schwarzer Nachtschatten Vogel-Sternmiere	Erdbeer-Klee Weißer Gänsefuß Stinkender Storchschnabel Weiße Taubnessel
Mullreicher Boden	**Boden mit niedrigem pH-Wert**	**Boden mit hohem pH-Wert**
Ampferknöterich Bärlauch Kleine Brennnessel Weißer Gänsefuß	Acker-Hellerkraut Ampferknöterich Scharfer Hahnenfuß Echte Kamille Echtes Labkraut Saat-Mohn Saat-Wucherblume Sand-Schmalwand	Acker-Glockenblume Acker-Senf Klatschmohn Weinberglauch
Leichter, sandiger Boden	**Verdichteter, schlecht drainierter Boden**	**Feuchter, sumpfiger Boden**
Acker-Ochsenzunge Gewöhnliche Grasnelke Hasen-Klee Gewöhnlicher Reiherschnabel Saat-Wucherblume Sumpf-Vergissmeinnicht Schmalblättriges Weidenröschen	Ackerschachtelhalm Breitwegerich Kriechender Hahnenfuß Huflattich Gewöhnliche Kratzdistel Saat-Mohn	Ackerminze Scharfer Hahnenfuß Rasen-Schmiele Scharbockskraut Vogel-Sternmiere

Boden-
pflege
und
natürliches
Düngen

Hier bereite ich ein Beet mit Komposterde für die Fruchtfolge vor.

Was macht einen guten Boden aus? Es ist der Humusanteil in ihm, der regelmäßig zugeführt und neu bestückt werden muss, damit sich die Bodenstruktur und die Verhältnisse im Erdreich verbessern. Ein guter, humusreicher Boden braucht im Normalfall keine zusätzliche Düngung. Humus bildet sich in der Regel in einem Zeitraum von 50 Jahren als lediglich 2 Zentimeter dicke Schicht aus, und das auch nur, wenn der natürliche Kreislauf nicht unterbrochen wird. Wenn wir einen Boden bearbeiten, sind wir daher auch dafür verantwortlich, ihm die nötigen Nährstoffe zuzuführen. Mineralische Dünger decken nur kurzfristig den Bedarf ab. Der Boden ist in der Regel durch maschinelle Bearbeitung überdüngt, übersäuert, verdichtet und festgefahren. Zudem ist er zu gering mit Bodenlebewesen bestückt. Er ist oft schlicht und einfach tot.
Einen guten, nährstoffreichen Boden zu erhalten, ist eine wahre Kunst. Dahinter stecken viel Arbeit und Pflege. Reißen wir den Boden einmal auf, so sterben in diesem umgebrochenen Boden die Bodenlebewesen, Würmer und Bakterien fast gänzlich ab. Die Sonneneinstrahlung trocknet den Boden zusätzlich aus, das Wetter und der Wind erodieren ihn.
Der Überdüngung können wir entgegensteuern, indem wir mulchen, Kompost zuführen und mit permanenter Bewachsung (Permakultur) den Boden schützen. Ein humusreicher Boden kann pro Kubikmeter bis zu 150 Liter Wasser aufnehmen und speichern. Ist der Boden festgefahren,

Kleiner Tipp: Bei Töpfen, Kübeln oder Kisten solltest du darauf achten, dass der Boden ein Speicherorgan (Ton, Kohle oder kleine Anteile von Torfmoos) enthält. Dieses verhindert das schnelle Auslaugen des Bodens im Topf und speichert kleinere Düngergaben. Die Erde in Töpfen muss öfter in kleinsten Mengen gedüngt werden, da eine darunterliegende Schicht fehlt. Du kannst hier mit Kompost, Bokashi, Mist, Naturdüngern arbeiten.

verdichtet und undurchlässig, so können starke Regengüsse eine Katastrophe auslösen. Da diese Böden kaum Wasser aufnehmen können, fließt dieses unaufhaltsam ab und überschwemmt weite Landstriche. Auch deshalb ist es wichtig, so viele gesunde und grüne Landschaftsflächen wie möglich zu bilden. Ich versuche alles, um in meinem Garten Humus aufzubauen. In den folgenden Abschnitten gehe ich auf die verschiedenen Möglichkeiten ein, mit denen du deinen Boden erhalten und gedeihen lassen kannst.

Mulchen

Eine Schicht aus Stroh, Schafwolle, Rasenschnitt oder gehäckselten Zweigen schützt den Boden vor Erosion sowie Austrocknung und bildet bereits durch ihre Verrottung eine dünne Humusschicht. Zudem wächst weniger Beikraut, denn dieses ist der natürliche Schutz der Natur, damit der Boden nicht allzu sehr verletzt wird. Auch eine Mulchfolie erfüllt diese Funktion. Ich bevorzuge die Variante Maisfolie, die in meinem Garten gut verrottet. Bereits im Herbst ist sie auf den Beeten fast gänzlich verschwunden. Nylonfolien nutze ich gar nicht, denn in den meisten Fällen läuft das Wasser oberhalb ab und gelangt oftmals nicht in den darunterliegenden Boden. Wichtig ist nur,

Beim Mulchen mit Schafwolle ist Vorsicht vor Mäusen geboten, die sich unter der Wolle sehr wohl fühlen.

Kleiner Tipp: Bei Balkongärten ist das Mulchen besonders wichtig, denn es verhindert das allzu schnelle Austrocknen der Erde. Ich würde hier eine dünne Schicht von Schafwolle als Mulch nutzen, da diese in ungewaschenem Zustand gleichzeitig düngt und schützt.

dass mit der Mulchschicht oder der Mulchfolie der Boden abgedeckt wird. Dabei solltest du darauf achten, wie du mulchst. Wichtig ist, dass es nicht zu dicke Schichten sind. Manche Mulcharten schützen die Pflanzen vor Ungeziefer. Deshalb kannst du einen Mulch mit duftenden Kräutern nutzen, um Läuse von Blumen fernzuhalten. Mit Schafwolle habe ich persönlich schlechte Erfahrungen gemacht, denn unter ihr haben sich die Mäuse sehr wohl gefühlt und mir das Wurzelwerk der Pflanzen beschädigt. Bei Mulch von Laub- oder Nadelgehölzen sowie Rindenmulch solltest du vorsichtig sein. Er sieht oft schön aus, ist aber zu sauer für manche Pflanzen. Heu verwende ich ungern, da häufig zu viele Beikrautsamen dabei sind. Rasenschnitt hingegen wird nur dünn aufgestreut, damit er nicht fault. Viel wichtiger beim richtigen Mulchen ist, dass du jeweils wenig Mulch ausbringst, dafür aber öfter nachlegst. Was auch immer du nutzt: Ich rate dir zur regelmäßigen Beikrautkontrolle.

Mulchfolien und Mischkulturen sind eine allgegenwärtige Kombination in meinem Garten.

In meinem Garten nutze ich eine Mulchfolie aus Maisstärke, die sich bis zum Herbst zersetzt. Sie erleichtert mir die Mulcharbeit im großen Garten um einiges.

Gehäckseltes Gartenmaterial aus dem Frühjahr kann in den Kompost gegeben oder als Mulchschicht auf den Beeten ausgebracht werden.

Kompostieren

Komposterde ist das schwarze Gold aller Gärtnerinnen und Gärtner, das Wundermittel für unsere Beete. Der Kompost leistet den wichtigsten Beitrag zur Bodenverbesserung, denn er ist zugleich Humus- und Düngerzufuhr und liefert somit wertvolle Nährstoffe. Das Angenehme an der ganzen Sache ist, dass der Kompost über große Strecken sich selbst überlassen werden kann. Deshalb solltest du dir auf jeden Fall die Mühe machen, einen Kompostplatz im Garten anzulegen. Hier findest du die wichtigsten Kompostarten und -regeln in Kurzform.

„Kompost ist der Kunstgriff der Natur, aus Totem Lebendiges entstehen zu lassen."

Johann Wolfgang von Goethe

Einer unserer vielen Komposthaufen: Ich lege sie immer an gut zugänglichen Stellen im Garten an, damit ich sie möglichst schnell befüllen und wieder entleeren kann.

Wie lege ich einen Kompost an?

→ **1**

Zuerst suchst du dir genügend Platz, um die Gestelle für den Kompost aufzustellen. Am besten sind drei Gestelle. Welches Material du dafür verwendest, ist dir überlassen. Es können z. B. alte Holzpaletten oder feste Drahtgitter sein. Eine direkte Sonneneinstrahlung würde die Mikroorganismen bei ihrer Arbeit behindern, ja sogar die Verrottung des Materials stoppen. Der ideale Platz für einen Kompost ist halbschattig und windgeschützt. Der Untergrund sollte wasserdurchlässig sein, der Kompost sollte zu jeder Jahreszeit erreichbar sein.

Ist der Platz gewählt und eingerichtet, kannst du die drei „Boxen“ aufstellen.

→ **2**

Nun befüllst du den ersten Behälter schichtweise. Dabei ist zu beachten, dass grobe Pflanzenteile wie Äste und Zweige zerkleinert werden. Ein guter Mix im Kompost sorgt für ein gutes Klima. Das richtige Aufschichten des Komposts ist auch sehr wichtig: Als unterste Schicht nutze ich immer Holzkohle. Diese speichert die Nährstoffe und das Wasser. Beide würden ansonsten im Boden versickern. Der Um- und Abbau von Abfällen verläuft optimal, wenn du grüne, saftige, nährstoffreiche Reststoffe mit braunen, holzigen, nährstoffarmen Reststoffen vermischst oder jeweils in dünnen Lagen abwechselnd schichtest. Vermengst du Rasenschnitt mit gehäckselten Aststücken und kleinen Zweigen oder Falllaub mit Gemüse- und Obstresten, finden Mikroorganismen und Kleinstbodenlebewesen (wie Regenwürmer) die idealen Bedingungen vor, um aus den verwertbaren Resten einen guten

Holzkohle, die unterste Schicht im Kompost

Die zweite Schicht: Rasenschnitt, gehäckselte Aststücke, kleine Zweige oder Falllaub

Die dritte Schicht: Gartenabfälle

Humus zu bilden. Ich gebe immer wieder eine Schicht zerkleinerte Brennnesseln dazwischen. Dann wieder zerkleinerte Äste gemischt mit Gartenabfällen oder Küchenresten. Dazwischen kannst du auch mal Holzasche oder Holzkohle, Gesteinsmehl oder Algenkalk einstreuen. Vergiss nicht, den Kompost zwischendurch mit EM, einer passenden Jauche oder Brühe einzuwässern. Wer Tierkot zur Verfügung hat, kann auch diesen in dünnen Schichten einarbeiten.

→ 3

Sobald der Behälter voll ist, solltest du den Kompost mit einer Folie abdecken. Das ist nicht zwingend notwendig, beschleunigt aber die Verrottung. Der Haufen sollte immer gut feucht gehalten werden, denn das beschleunigt die Verrottung, allerdings darf er nicht „ertrinken". Beim sachgemäß angelegten Kompost sorgen die EM dafür, dass die Temperatur auf bis zu 70 Grad steigen kann. Zwischendurch solltest du mit einer Grabgabel oder einem Stock Löcher in den Kompost stechen, um ihn zu durchlüften, und ebenso wichtig ist es, auch die Temperatur zu kontrollieren, denn ein zu kalter Haufen verrottet langsamer oder schimmelt gar.

→ 4

Sind etwa zwei Drittel des Komposts verrottet („abgebrannt"), schöpfst du ihn durch ein grobes Gitter in den zweiten Behälter um. Das Drittel mit den noch nicht verrotteten Teilen gibst du zurück in den ersten, leeren Behälter.

In diesem Behälter kann nun ein neuer Kompost angelegt werden. Der zweite Behälter enthält nun den halbverrotteten Kompost (es können hier noch kleine, nicht ganz verrottete Pflanzenreste enthalten sein) und wird dort für den weiteren Reifungsprozess abgelagert, bis keine Pflanzenteile mehr vorhanden sind.

→ 5

Der dritte Behälter wird erst mit vollreifem Kompost aus dem zweiten Behälter gefüllt und als Zwischenlager benutzt, wenn der Verrottungsprozess komplett abgeschlossen ist. Nun kannst du den Kompost verwenden. Dabei kannst du ihn direkt in den Garten geben oder, verdünnt mit Sand und Gartenerde, als Aussaaterde oder Topfsubstrat verwenden. Mit Wasser verdünnt kann er als Kompostdüngung dienen.

Der Kompost ist nun reif genug und kann auf den Beeten ausgebracht werden.

Was gebe ich lieber nicht in den Kompost?

Sind alle genannten Faktoren gegeben, dann kann in der Miete der Verrottungsprozess stattfinden. Eine wichtige Hygienemaßnahme ist, dass keine kranken Pflanzenteile in den Kompost gelangen und dass du Beikrautsamenpflanzen in die Mitte eines Komposthaufens gibst, damit ihnen richtig heiß wird und sie verrotten können. Küchenabfälle sollten pflanzlich sein und möglichst nicht von fertig zubereiteten Gerichten stammen, denn Fleisch und Essensreste locken gerne Mäuse und Ratten an. Deshalb ist es ratsam, dass du als unterste Schicht ein engmaschiges Gitter einsetzt. Kaffeesatz, zerkleinerte Eierschalen, Haare, Karton und Papier ohne Beschichtung, Holzasche und Beikraut kannst du hier ebenfalls verwenden. Falls du den Kompost nach und nach aufsetzt, solltest du auf Samen- und Wurzelbeikräuter gänzlich verzichten. Diese entsorgst du besser in der Biotonne.

Wann kann ich den Kompost erstmals als Humus einsetzen?

Durch das richtige Ansetzen kannst du, wenn alles gut geht, bereits nach einem halben Jahr den ersten Kompost verwenden. Sobald der Großteil des Verrottungsprozesses abgeschlossen ist, wird er in den nächsten Behälter umgeschöpft. Reiner Blätterkompost benötigt in der Regel 1 Jahr, um Humus zu werden, dieser ist dann aber für alle Moorbeetpflanzen geeignet. Stallmist sollte in der Regel über 5 Jahre oder noch länger verrotten, da die enthaltenen Säuren ätzend wirken und oft Beikrautsamen enthalten. Zudem droht er den Boden zu übersäuern. Ein im Herbst oder Winter angelegter Kompost wird erst im Frühjahr seine Arbeit beginnen. Sollten keine Regenwürmer mehr im Kompost leben, ist dies ein Zeichen, dass er zu dicht ist und du ihn unbedingt lüften oder umsetzen solltest. Nur so kann die Verrottung weitergehen. Normalerweise wird dies in den Wintermonaten gemacht. Dabei solltest du es vermeiden, die gefrorenen Teile in die Nähe des warmen Innenbereichs zu bringen, damit der Verrottungsprozess nicht gestört wird. Ein Kompost wird in der Regel innen bis zu 70 Grad warm. Ist der Kompost so weit fertig und die Verrottung abgeschlossen, dann siebe ich ihn durch ein Gitter, bringe ihn aus und harke ihn ein, und zwar nur in die oberste Bodenschicht.

Kleiner Tipp: Beim Umsetzen des Komposts stoße ich immer wieder auf die Larven (Engerlinge) des Rosenkäfers. Ich gebe sie wieder zurück in den halbverrotteten Kompost, denn sie sind neben den EM und den Regenwürmern wertvolle Humusbildner.

Wie kann ich mit Komposterde richtig düngen?

Welche Nährstoffe wir im Kompost finden, hängt immer davon ab, welche Materialien wir ihm zugeführt haben. Ein großer Teil dieser Nährstoffe geht aber während des Verrottungsprozesses verloren und es bilden sich CO_2 und andere Gase, z. B. Methan und Lachgas. Deshalb ist die Kompostierung nicht ganz so abgasneutral, wie viele denken. Das ist aber völlig natürlich, denn selbst in der freien Natur werden bei der Verrottung von organischen Materialien CO_2 und andere Gase freigesetzt. Einiges davon lässt sich im Kompost halten, wenn du ihm Holzkohle in immer wiederkehrenden dünnen Schichten zuführst. Die Kohle speichert so einiges an Nährstoffen, Wasser, Mikroorganismen, Luft und auch CO_2. Dazu wirst du im Kapitel zur

Unser Kompost im Februar: Ich decke ihn nicht immer ab, vor allem wenn er im gleichen Jahr neu angelegt wurde.

Terra Preta noch mehr erfahren. Mit einem guten Mutterboden und dessen Bearbeitung können wir diese Nährstoffe wieder binden und einlagern.
Kompost ist stets als Düngergabe und Aufbaumittel des Humus zu sehen. Deshalb muss man sich immer vor Augen halten, dass man nicht zu viel Kompost ins Erdreich einbringen darf. Hier sollte man vorab entschieden haben, was man im darauffolgenden Monat pflanzt, denn nicht jede Pflanze braucht denselben Nährwert. Welche Zehrerpflanzen ich habe, werde ich im entsprechenden Kapitel erläutern, hier geht es vorläufig um die Menge.

Kulturart	**Gartenkompost**
Starkzehrer	3–5 kg/m² oder 8–12 Liter
Mittelzehrer	2–3 kg/m² oder 5–7 Liter
Schwachzehrer	1–2 kg/m² oder 3–5 Liter
Obstbäume und -sträucher	2–3 kg/m² oder 5–7 Liter
Blumenbeete	1–2 kg/m² oder 3–5 Liter
Rasen	1–2 kg/m² oder 3–5 Liter

Um den reifen Kompost auszubringen, bedarf es Kraft. Diese Arbeit ersetzt, zumindest bei mir, den Gang ins Fitnessstudio.

Was ist, wenn ich meinen Kompost nicht selbst herstellen kann?

Wer selbst keinen Kompost herstellen kann, kann diesen im Fachhandel kaufen. Hier solltest du aber nachfragen, ob Klärschlamm und Papierreste zur Herstellung des jeweiligen Kompostpräparats verwendet wurde. Ist dies der Fall, dann rate ich dir, auf einen Kauf zu verzichten, denn oft sind darin Schadstoffe und Chemikalien enthalten. Deshalb ist es mir stets wichtig, dass die gekauften Präparate ein Bio-Siegel tragen, denn so kann ich davon ausgehen, dass sie auf eventuelle Rückstände hin kontrolliert wurden.

Vorteile der Kompostanwendung
hohes Wasserhaltevermögen
Erhaltung einer stabilen Bodenstruktur
Förderung und Anregung des Bodenlebens
bessere Durchlüftung im Boden
Anregung des Stoffumsatzes im Boden (Nährstoffaustausch zwischen Bodenlebewesen und Pflanzen)
ausgeglichener Humusbestand und dauerhafte Bodenfruchtbarkeit
rasche Erwärmung des Bodens im Frühjahr und dunkle Färbung, besonders wichtig bei lehmhaltigen Böden
neutralisierende Wirkung auf saurem Boden (bei Übersäuerung des Bodens)
Förderung der allgemeinen Bodengesundheit (EM, Mykorrhiza, Regenwürmer etc.)
Nährstoffspeicher (langsam fließende Nährstoffquelle zur Unterstützung einer gesunden Pflanzenentwicklung)

Was läuft schief im Kompost?

Es klingt so einfach, Gartenabfälle zusammen mit Gemüse- und Obstresten aus der Küche aufzuschichten und dann zu warten, bis die emsigen Mikroorganismen und Kleinstlebewesen wertvollen krümeligen Humus daraus machen. Doch die Praxis sieht nur allzu oft anders aus und die Komposterde entwickelt sich nicht wie gewünscht. Woran liegt das? In der Tabelle führe ich die Symptome und Ursachen an und zeige dir dann, was du dagegen tun kannst.

Symptome	Ursache	Was tun?
Zu trocken: Das Material zersetzt sich nicht. Das Volumen der mittleren Schicht verringert sich kaum.	Wassermangel lässt die Organismen im Kompost absterben, die Verrottung stockt, weil der Kompost zu sonnig liegt, keine Niederschläge fallen, zu viele trockene Laub- und Gehölzabfälle unvermischt aufgesetzt wurden oder der Kompost sich über mehrere Tage stark erhitzt hat.	Den Kompost umsetzen und feuchtes, krautiges Material untermischen oder das Material beim Umsetzen mit der Gießkanne gezielt wässern. Jedoch Übernässung meiden.
Zu nass: An der Basis der Miete tritt Sickerwasser aus. Der Kompost ist stark verdichtet und klebt zusammen.	Nasses, verdichtetes und damit luftarmes Material entsteht, wenn zu viele feuchte Stoffe wie Rasenschnitt unvermischt in einer dicken Auflage eingebracht wurden, sehr starke Niederschläge fallen und der Kompost nicht abgedeckt wurde, Basis und Seiten der Miete schlecht belüftet sind, etwa in einem geschlossenen Behälter, oder die Miete einen ungünstigen Standort hat.	Den Kompost umsetzen und die oberste Schicht mit groben Materialien versetzen. Das nasse Material mit trockenen Bestandteilen vermischen und etwas Gesteinsmehl einstreuen. Für eine gute Belüftung an den Seiten sorgen, eventuell Schlitze oder Löcher bohren. Den Kompost abdecken und vor allzu viel Regen schützen.
Weißer Schimmel, oft verbunden mit pilzähnlichem Geruch	Der Kompost ist zu trocken, weil zu viel trockenes Material enthalten ist oder der Kompost sich über mehrere Tage zu stark erhitzt hat.	siehe oben unter „Symptome: zu trocken“

Unangenehmer Geruch, Schimmelbildung	Der Kompost ist zu feucht und es mangelt an Sauerstoff. Dies führt zu Fäulnis und Gärung. Ursachen siehe oben unter „ Symptome: zu nass".	Den Kompost umsetzen und trockenes grobes Material untermischen. Dabei kann sich der Geruch intensivieren. Küchenreste solltest du immer gleichmäßig auf dem Kompost verteilen und sie nicht zu lange im Sammelbehälter lagern. Feuchtes oder frisches Material deckst du mit etwas Erde oder Gesteinsmehl ab. Weitere Maßnahmen siehe oben unter „Symptome: zu nass".
Ratten und Mäuse	Ratten finden sich ein, wenn gekochte Essensreste wie Fleisch, Wurst, Knochen, Teigwaren oder Brot auf den Kompost geworfen werden. Mäuse hingegen nutzen den Kompost oft als Schlaf-, Nist- oder Vorratskammer.	Gekochte Essensreste nicht auf den Kompost geben, besser anders entsorgen (eventuell als Hühnerfutter verwenden, in die Biotonne oder in den Bokashi-Kübel geben). Die Mieten mit Drahtgitter auskleiden oder geschlossene Behälter nutzen.
Fliegen	Fliegen lieben eiweiß- und kohlenhydrathaltige Nahrung.	Küchenabfälle wie Gemüseschalen und Obstreste mit Erde abdecken.
Schnecken	Schnecken legen im Kompost gerne ihre Eier ab.	Den Kompost im Herbst umsetzen und die Gelege entfernen.

Kompostarten

Je nach Kompostzugabe entstehen unterschiedliche Kompostarten. Aus diesen lassen sich zusätzliche, speziell abgestimmte Pflanzensubstrate herstellen. Hier ist es wichtig zu wissen, welche Kompostart gebraucht wird und was mit ihr erreicht werden soll. Ich setze bewusst unterschiedliche Kompostarten an, um meine Pflanzenerden selbst herzustellen. Wer keinen eigenen Garten besitzt, kann sich oft in Spezialbetrieben oder gar bei befreundeten Gartenbesitzerinnen oder -besitzern Kompost holen.

Gartenkompost

Bei dieser Kompostierungsart werden nur Abfälle aus dem Garten verwendet, z. B. zerkleinerte und gehäckselte Pflanzenteile, gejätetes Beikraut ohne Samenstände, Pflanzenteile, die gerade ausgerissen wurden, oder Rasenschnitt.

Küchenkompost

Hier kannst du alle gekochten oder ungekochten Speisen verwenden, ob Gemüse oder Obst, Schalen oder Eierreste. Solltest du auch Tierknochen oder Fleischreste verwenden, dann rate ich dir, diese in einem gut verschlossenen Behälter aufzubewahren, damit sich nicht ungebetene Gäste aus dem Tierreich einnisten. Da ich Tiere halte, gebe ich die gekochten Speisen lieber diesen zum Fressen und benutze danach ihren Mist als Dung.

Regenwurmkompost

Für diese Kompostierart kannst du auf kleinem Raum arbeiten und dazu eine Regenwurmkiste bauen. Diese wird mit ungekochten organischen Abfällen (siehe Küchenkompost) gefüttert – das Ergebnis ist ein reiner Regenwurmhumus für die Balkontöpfe und -kisten. Wie du eine Regenwurmkiste selbst bauen kannst, erfährst du im Internet. Da dieser Kompost oft spezielle Küchenreste (z. B. Kräuter, Tee) enthält, kannst du ihn auch als Nährstoffzugabe nutzen.

Kleiner Tipp: Der Regenwurmkompost ist besonders für Kleingärten in der Stadt geeignet.

Laub-/Nadelgehölz-Kompost

Hier verwendest du nur Blätter von Laub- oder Nadelbäumen. Da diese meist sehr sauer sind, eignet sich dieser Kompost für Moorbeetpflanzen. Die Blätter von Buche, Eiche, Kastanie und Walnuss verrotten sehr langsam, über einen Zeitraum von bis zu 4 Jahren.

Bokashi – Japanischer Kompost

Hier werden Küchenreste in einem speziellen Bokashi-Kübel unter Ausschluss von Sauerstoff von anaeroben Mikroorganismen fermentiert. Durch diesen Prozess bilden sich wichtige Milchsäurebakterien. Die halbverrotteten Speisereste werden dann in die Gartenbeete eingearbeitet und dienen dort als besonderer Dünger, der das Bodenleben wieder ankurbelt und steigert. Sogar unbeliebtes Ungeziefer ergreift so die Flucht.

Kleiner Tipp: Diese Kompostierart ist besonders geeignet für Balkon- und Terrassengärten. Das in einem separaten Behälter aufgefangene fermentierte „Kompostwasser" kann als Düngerbeigabe ins Gießwasser gegeben werden.

Kleiner Tipp: Wenn du Kompost für spezielle Aussaaten oder Einsatzgebiete nutzen möchtest, säst du vorab Kresse ein, um zu testen, ob der Kompost wirklich den Reifungsprozess vollzogen und den Abbauprozess beendet hat. Wenn die Kresse gut gedeiht und ihre Blätter schön grün sind, ist der Kompost reif. Wenn sie hingegen verkümmert, ist der Verrottungsprozess noch nicht abgeschlossen.

Welche Kompostart nutze ich wofür?

Gartenkompost	Für die Humusbildung im Garten und für Topfpflanzen, die Herstellung von Substraten und Aussaaterden. Hierzu Kompost mit einem Sand-Gartenerde-Gemisch im Verhältnis 1 : 2 vermengen.
Küchenkompost	Als Dünger für Garten- und Topfpflanzen, als Kompostdüngung für Starkzehrer oder bei Nährstoffmangel. Oberste Schicht anbringen oder mit der alten, abgenützten Topferde mischen. Kompost und alte Topferde kann zu gleichen Teilen genutzt werden.
Laub-/Nadelgehölz-Kompost	Für alle Moorbeetpflanzen – wie Heidelbeeren, Hortensien – Kompost mit Gartenerde im Verhältnis 2 : 1 mischen.
Bokashi – Japanischer Kompost	Zum Düngen von Pflanzen, ideal für kleine Balkon- und Topfgärten.

Reifer Küchenkompost sollte in etwa so aussehen.

Kompost-Tee

Bei einem Kompost-Tee wird Kompost in Wasser eingeweicht und über mehrere Tage ziehen gelassen. Danach wird er abgeseiht – schon ist der kräftigende Trank für Pflanzen und Boden fertig. Dieser Tee enthält alle guten Stoffe sowie EM, um das Wachstum zu fördern. Herstellen kannst du ihn auch mit Kompost, der noch nicht ganz reif ist. Ideal dafür ist der Regenwurmkompost oder ein Kompost, der zu einem Drittel aus Pferdemist besteht.

Wie stelle ich Kompost-Tee her?

Für einen Kompost-Tee verdünne ich den Kompost mit der fünf- oder zehnfachen Menge Regen- oder auch Leitungswasser. Nun lasse ich ihn in einem Kübel über mehrere Tage stehen und rühre ihn regelmäßig um. Anschließend filtere ich ihn ab. Nun kann er an bewölkten Tagen zum Besprühen der Pflanzen oder zum Gießen genutzt werden. Will man die Pflanzen vorbeugend kräftigen oder schützen, dann sollte man diesen Tee alle 8 bis 14 Tage anwenden. Er eignet sich auch als Vorbeugung gegen Pilzerkrankungen. Unten in der Tabelle findest du Anwendungsmöglichkeiten und Zubereitungsangaben.

Pflanze	Verdünnung	Vorbeugung gegen
Sämlinge	1 : 10	Umfallkrankheit, düngt sanft
Erdbeeren	1 : 5 während der Blüte	Grauschimmel an Früchten
Salate	1 : 5	Grauschimmel
Tomaten, Kartoffeln	1 : 5	Krautfäule
Rosen	1 : 5	Echter Mehltau
Gurken	1 : 5	Echter Mehltau, Falscher Mehltau

Kleiner Tipp: Dieser Kompost-Tee ist bestens geeignet für Topfgärten, da er nicht nur zum Düngen genutzt, sondern auch für kräftigende und vorbeugende Spritzungen verwendet werden kann.

Holzasche

Der Wert der Holzasche wird meist unterschätzt. Sie gehört zu den ältesten mineralischen Düngern. Du solltest aber auf jeden Fall gut darauf achten, was du verbrennst, damit du die Asche nachher bestmöglich einsetzen kannst. Aus ökologischer Sicht wäre es zwar sinnvoll, das Holz mit der Rinde zu verbrennen, damit sich der Kreislauf vollständig schließt. Da aber unsere Bäume Schwermetalle, z. B. Cadmium, aus der Umgebung aufnehmen und sich diese in der Rinde ablagern, solltest du das Holz ohne Rinde verbrennen. So lässt sich verhindern, dass die Schwermetalle mit der Asche wieder in den Boden gelangen. Holzasche liefert im Nährstoffkreislauf wichtige Mineralien wie Kalzium, Kalium, Phosphor und Magnesium. Zudem wirkt Asche alkalisch, erhöht den pH-Wert und wirkt damit einer Übersäuerung entgegen.

Kleiner Tipp: Auf jeden Fall solltest du bei der Verwendung von Holzasche auf deren richtige Dosierung achten: Holzasche > 40 g/m² Gartenfläche oder 5–7 Liter/m³ Kompost.

Terra Preta do Indio

Dieses Prinzip ist über 5.000 Jahre alt und hat im nährstoffarmen Regenwald des Amazonas den Ureinwohnern nicht nur reichere Ernten beschert, sondern auch ihre Lebensgrundlagen gesichert. Vielleicht ist dir schon bekannt, dass die tropischen Urwälder gar nicht einmal so viel Humus besitzen (meist nur einige Zentimeter), wie man annehmen würde. Wenn solche Wälder gerodet werden, dann ist der Boden meist nur für einige wenige Jahre fruchtbar. Das wussten bereits die Urwaldbewohner früherer Jahrhunderte und auch den heute im Amazonasgebiet lebenden indigenen Völkern ist das bekannt. Sie stellen die Terra Preta do Indio nach jahrhundertealten, überlieferten Prinzipien her. Zuerst wird in einer Erdmulde aus Totholz Holzkohle hergestellt, dann werden Essensreste, Fäkalien und Urin („goldenes Wasser") auf diesen Haufen geworfen bzw. geschüttet. Nach einiger Zeit entsteht ein schwarzer und reichhaltiger Humus, der dann ausgebracht werden kann. In den Fäkalien finden wir unsere EM wieder. So haben die Menschen den Urwaldboden landwirtschaftlich nutzbar gemacht; bei alten Ausgrabungsstätten fand man eine bis zu 2 Meter tiefe Humusschicht. Diese Schicht erlaubte es den indigenen Völkern, im Urwald sesshaft zu werden und Ackerbau zu betreiben. Dank der Erforschung der Lebensweisen der indigenen Völker wurde diese Art der Erdenherstellung auch in Europa bekannt. Seit einigen Jahren hat sich ein regelrechter Boom um das schwarze Gold des Amazonas entwickelt. Ein Blick in die Geschichte unserer Anbaumethoden zeigt aber, dass auch bei uns in den Gärten und auf den Feldern Holzkohle und Asche zum Einsatz kamen. Was steckt nun wirklich hinter diesem schwarzen Gold, was macht es so interessant? Terra Preta do Indio ist die effektivste Methode, schnell einen Boden wieder fit zu bekommen. Ich stelle selbst Terra-Preta-Präparate her und konnte in den letzten Jahren feststellen, dass mein Garten lebendiger und fruchtbarer wurde.

Hier bereite ich meine eigene Terra Preta zu. Hierfür verwende ich Komposterde, verrotteten alten Mist und die mit Essensresten, Fäkalien und Urin geimpfte Holzkohle.

So wird
es gemacht:

→ 1

Holzige Gartenabfälle, Rindenstücke und Äste, die sich im Laufe der Zeit ansammeln, staple ich in einen ausrangierten tiefen, alten, eingekürzten Öltank. Die großen Stücke kommen nach unten, die kleineren obenauf. Ist der Behälter gefüllt, dann kann man zum nächsten Schritt übergehen. Falls du keinen Kessel zur Verfügung hast, kannst du dir eine Erdmulde graben. Diese sollte mindestens knietief sein.

→ 2

Nun entfache ich das Feuer und lasse die Äste abbrennen. Durch die geringe Sauerstoffzufuhr in der Tiefe des Kessels entsteht Kohle. Sollte zu wenig Holz im Kessel vorhanden sein, lege ich kleinere Stücke nach. Dann warte ich ab, bis das Holz zu kleinen Stücken verbrannt ist (in etwa die Größe der Grillkohle aus dem Fachhandel). Wenn die Oberfläche der Holzstückchen grau und aschig aussieht, dann wird mit Wasser abgelöscht. Bitte lösche gut ab, damit das Holz nicht mehr weiterglühen kann; ansonsten würde nur Asche übrig bleiben.

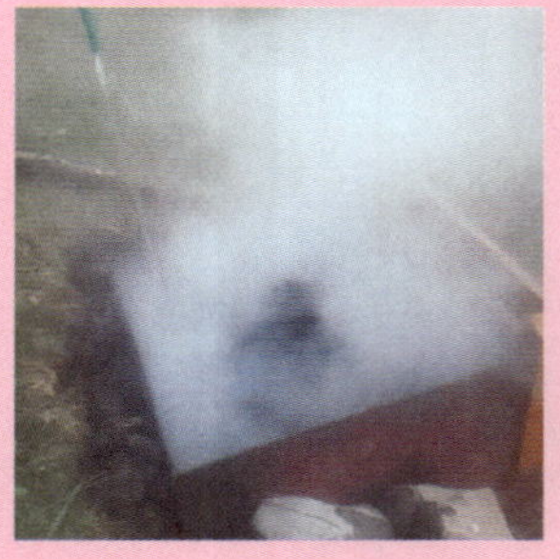

→ 3

Danach warte ich, bis die Kohle kalt ist, und schöpfe sie anschließend aus der Mulde heraus. Größere Stücke zerstoße ich mit einem dicken Ast und fülle sie in einen Kübel oder Sack. Dort verbleibt die Kohle, bis sie gebraucht wird. Ich lagere sie an einer trockenen Stelle im Garten. Sobald ich die Kohle verwenden will, gehe ich den nächsten Schritt an.

→ 4

Ich lege die Kohle in einen Bottich und übergieße sie mit Flüssigkeiten wie Urin oder EM-Produkten. Nach 2 Wochen Ruhezeit arbeite ich dieses Holzkohlen-Präparat in den Boden ein. Die Holzkohle dient mir als Speicherorgan für meine EM, Wasser und meine Düngergaben. Ist kein Speicherorgan im Boden vorhanden, dann wäscht sich der Dünger aus. Besonders wenn es regnet, läuft der Dünger sonst buchstäblich den Bach runter und landet ungewollt in unseren Seen und Weltmeeren, was wiederum Umweltschäden verursacht.

Kleiner Tipp: Genau aus diesem Grund rate ich allen, egal ob sie ihre Pflanzen im Garten, auf dem Balkon oder der Terrasse ziehen, sich dieses Prinzip zunutze zu machen. Falls du selbst keine Kohle herstellen kannst, solltest du zu Bio-Grillkohle greifen oder entsprechende Fertigpräparate kaufen. Du findest sie im Internet oder im Fachhandel.

Gründüngung

Der Boden sollte niemals der Witterung nackt ausgesetzt sein, denn in einem durchwurzelten, geschützten Boden befinden sich zehnmal mehr Mikroorganismen als in einem brachliegenden Boden. Dieses Bodenleben ist unschätzbar wertvoll, denn die verschiedenen Bakterien, Pilze und Algen zersetzen die herabgefallenen Pflanzen- und Tierreste zu Humus. Was der eine verdaut hat, ist für den anderen von Vorteil, deshalb stehen alle Mikroorganismen im Boden in engen Wechselbeziehungen. Schon unsere Vorfahren wussten, dass manche Pflanzen zu einer schnelleren Humusbildung beitragen. Monokulturen hingegen laugen den Boden aus und stehen der Humusbildung im Wege. Mit einer Gründüngung wird neuer Stickstoff gebunden. Durch den Bewuchs werden Wasser und CO_2 in den Boden eingespeichert. Das Grün beschattet so das Erdreich, dieses trocknet nicht aus, der Wind kann es nicht abtragen und Beikräuter finden keinen Platz. Zudem belüften und lockern die Wurzeln den Boden und CO_2 wird aus der Luft entnommen und im Erdreich eingelagert. Nebenbei befestigen die Wurzeln das Erdreich und sorgen dafür, dass die Humusschicht nicht erodiert. Wird die Gründüngung abschließend in den Boden eingearbeitet, tragen die abgestorbenen Pflanzenteile zum Aufbau der Humus-

Eine Gründüngung schützt den Boden auf vielfältige Weise.

schicht bei. Die Vorteile von Gründüngungen liegen also auf der Hand: Sie schützen den Boden auf vielfältige Weise und tragen zu seiner Gesundung bzw. Verbesserung bei. Einige dieser Gründüngungen werden in den Boden eingearbeitet, andere wiederum gemäht, gemulcht oder kompostiert. Schmetterlingsblütler (Klee, Inkarnatklee, Erbsen und andere Leguminosen) binden durch die Wurzelsymbiose mit den sogenannten Knöllchenbakterien Stickstoff im Boden, so werden Arten dieser Unterfamilie zusätzlich eingearbeitet, damit Stickstoff im Boden gebunden bleibt. Manche in einer Gründüngung eingesetzte Arten wie Bienenweide oder Buchweizen dienen zusätzlich als Futterquellen für Bienen und andere Nützlinge.

> Verschiedene Kleearten sind bei Gründüngungen sehr erfolgreich, da sie mit ihren Wurzeln nicht nur den Boden durchlüften, sondern auch Stickstoff binden.

Wie erfolgt eine Gründüngung?

Eine Gründüngung besteht darin, schnellwüchsige Arten wie Senf, Klee oder Bienenweide entweder rein oder als Mischung auf brachliegenden Flächen auszusäen, sie wachsen zu lassen und dann noch im grünen Jungzustand entweder in den Boden einzuarbeiten oder sie zu mähen und als Mulch zu nutzen. Sie können dann verrotten, fördern dadurch die Krümelstruktur des Bodens und unterstützen die Bodenlebewesen. Es bildet sich eine neue Humusschicht und ein natürlicher Nährstoffgehalt kann sich im Boden anreichern. Manche Gründüngungen halten sogar Ungeziefer fern. Meist wird diese effektive Art der Beetkompostierung im August gemacht, denn so hat die Gründüngung noch genügend Zeit zu wachsen, um dann im Winter zu verrotten.

Mit einer Gründüngung erspare ich mir teuren chemischen Dünger und schütze zugleich meinen Boden mit den darin lebenden Organismen. Nebenbei gebe ich den EM Arbeit und Nahrung. So habe ich dann einen gesunden, lebendigen Boden, der meinen Pflanzen genügend Kraft zum Wachsen gibt. Je nachdem, was vorher im Beet wuchs, wähle ich die Gründüngungspflanzen aus. Waren davor z. B. Starkzehrer (siehe S. 192) im Beet bzw. Feld, dann wähle ich Leguminosen (Schmetterlingsblütler) aus. Diese binden den Stickstoff an den Boden und die kommende

Kultur hat somit wieder genügend Kraft, um zu wachsen. Sehr wichtig ist diese Düngungsart bei stark beanspruchten, verdichteten und ausgelaugten Böden.

Wann ist es sinnvoll, eine Gründüngung einzusetzen?

Im neuen Garten solltest du vor der Pflanzung oder Aussaat eines Rasens vorab eine Gründüngung anwenden. Im Obstanbau unter den Bäumen, Reben und zwischen den Beerensträuchern kannst du die Pflanzen mit einer Gründüngung kräftigen und unterstützen. Auch der Gemüsegarten dankt es dir, wenn du dem Boden nach der Ernte – oder bevor du säst und pflanzt – eine Stickstoffgabe in Form einer Gründüngung mit Leguminosen verabreichst. Am häufigsten werden Gründüngungen als Nachkultur im Spätsommer ausgesät. In der Regel ist das Grün nach 4 bis 6 Wochen voll ausgebildet und kann mit seiner düngenden, schützenden Arbeit beginnen. Im Herbst hingegen werden häufig Winterroggen und Weizen eingesetzt, die nach 8 Wochen den Boden bedecken und vor der winterlichen Kälte eine dünne schützende Schicht bilden.

Gründüngungspflanzen

Nicht winterharte Arten	**Bevorzugte Bodenarten**	**Kulturdauer**	**Anmerkung**
Sommerwicke	alle	6–8 Wochen	Stickstoffsammler
Lupinen	sandige und mittlere	12–15 Wochen	Stickstoffsammler
Persischer Klee	mittlere	2–15 Wochen	Stickstoffsammler
Ölrettich	alle	6–8 Wochen	Tiefwurzler
Gelbsenf	alle	4–5 Wochen	rasch wachsend
Phacelia	alle	6–9 Wochen	Fruchtfolge nach Gemüse, Erdbeere
Studentenblume	alle		gegen Nematoden
Ringelblume	alle		gegen Nematoden
Buchweizen	sandige, leicht saure	8 Wochen	Fruchtfolge nach Gemüse
Hafer	alle	8–12 Wochen	Fruchtfolge nach Gemüse

Senfgewächse, hier in Blüte, dienen mir als ideale Gründüngung.

Winterharte Arten	Bevorzugte Bodenart	Anmerkung
Winterzottelwicke	mittlere	Stickstoffsammler
Serradella	leichte	Stickstoffsammler
Inkarnatklee	alle	Stickstoffsammler
Spinat	alle	bei Frost abdecken
Feldsalat	alle	Durchwurzelung
Winterraps	alle	Tiefwurzler
Winterroggen	alle	günstig für Gemüse

Kleiner Tipp: Bei größeren Kübeln oder Hochbeeten kannst du durchaus mit einer Gründüngung arbeiten, aber in der Regel ist sie für große Flächen geeigneter.

Natürlicher Dung

In meinem Garten gilt die Faustregel: Keine Chemie! Also erübrigt sich die Frage für mich, ob ich mit einem konventionellen Dünger arbeite oder nicht. Durch solche Anbaugewohnheiten werden die großen Chemiekonzerne immer reicher, während in den Herkunftsländern der Inhaltsstoffe große Teile Bevölkerung Hunger leiden müssen. Da möchte ich einfach nicht mehr mitspielen. Für mich gilt, wie bereits mehrfach gesagt, der Grundsatz: „Nehmen und geben.“ Alles, was ich dem Garten und dem Hof wegnehme, kommt in einer anderen Form wieder dorthin zurück. Deshalb werde ich dir nun verschiedene weitere natürliche Dünger vorstellen. Diese verwende ich in meinem Garten nicht nur zum Düngen, sondern auch als Spritzung gegen diverse Schädlinge und Erkrankungen. Bei einem guten Aufbau des Erdreiches sind aber selbst diese Spritzmittel überflüssig.

Kleiner Tipp: Besonders wichtig für Stadtgärtnerinnen und Stadtgärtner ist, sich einen Dünger natürlichen Ursprungs zu suchen, der zu keiner Geruchsbelästigung führt. Hier sind pflanzliche Präparate besonders geeignet. Diese findest du im Kapitel zu den Brühen, Tees und Extrakten. Nicht geeignet sind hier tierische Produkte und Jauchen.

Stalldung

Ich halte Schafe und Hühner. Wenn ich den Stall säubere, bringe ich den Mist auf einen Ablagerungsplatz auf unserem Hof. Dort darf er liegen bleiben, bis er verrottet ist. Jeder Tiermist hat so seine Vor- und Nachteile. Frischer Mist kommt im Normalfall nicht zum Einsatz. Unsere Wiesen werden zudem ganz natürlich und auf direktem Weg mit Mist versorgt, weil die Tiere im Frühling und im Herbst dort grasen. Aber nicht jeder hat die Möglichkeit, Tiere zu halten, deshalb kaufen viele Dung direkt am Bauernhof ein. Wichtig ist uns, dass die Tiere und der Dung völlig von chemischen Mitteln frei sind. Entwurmungsmittel belasten den Mist und töten Mistkäfer, die den belasteten Dung verarbeiten. Aber auch im gekauften Dung oder Hühnermist befinden sich Reststoffe, in Letzterem sind es nicht selten Antibiotika. So einen Mist möchte ich nicht nutzen. Suche dir am besten einen Bauernhof deines Vertrauens, bei dem du sicher sein kannst, guten Mist für deine Beete, Töpfe oder Kisten zu erhalten. Ist dies gewährleistet, könnt ihr der nun folgenden Tabelle den Nährwert der verschiedenen Mistarten entnehmen.

Unsere Jungschafe sind uns auch hin und wieder im Garten als Rasenmäher behilflich. Dabei hinterlassen sie ihren Dung und der Kreislauf schließt sich auf natürliche Weise: Fressen, verdauen und düngen!

Nährstoffgehalt

	Stickstoff N	Phosphor P	Kalium K
Rindermist	0,5 %	0,15 %	0,5 %
Pferdemist	0,5 %	0,15 %	1,0 %
Hühnermist	3,0 %	0,8 %	1,5 %
Schafmist	0,95 %	0,15 %	2,0 %
Schweine-mist	0,65 %	0,25 %	0,25 %

Nährstoffwirkung

	Jahr 1	Jahr 2	Jahr 3
Rindermist	45 %	35 %	20 %
Pferdemist	60 %	25 %	15 %
Hühnermist	75 %	15 %	10 %
Schafmist	65 %	20 %	15 %
Schweine-mist	40 %	30 %	30 %

Unsere Hühner trotzen der Kälte. Da wir nur alte Hühnerrassen halten, ist auch die Eierproduktion vergleichsweise gering. Sie bleiben jedoch wichtige Helferinnen im Garten, denn ihr Kot wird zum Düngen verwendet.

Urin

Urin wird in Fachkreisen als „goldenes Wasser" bezeichnet, und das mit Recht, denn Urin ist einer der wichtigsten Naturdünger, die uns zur Verfügung stehen. So dient er als hervorragender Erhaltungsdünger während der Anbauphase, denn er enthält viel Stickstoff, der schnell wirkt. Eigentlich ist Urin ein Abbauprodukt des Körpers, aber die Stoffe, die vom Organismus ausgeschieden werden, können von Pflanzen gut verwertet werden. Würden wir den Urin ein Jahr lang auffangen, so könnten wir damit 50 bis

350 Quadratmeter Boden düngen. Das sind umgerechnet 1 bis 2 Liter Urin pro Quadratmeter und Anbausaison. Gerade im Frühsommer, wenn alles gut entwickelt ist, brauchen Pflanzen eine Extraration Stickstoff, die der Urin liefern kann. Wir Bäuerinnen und Bauern nutzen Tierurin schon seit Jahrhunderten, um unsere Felder zu düngen. Warum sollten wir ihn dann nicht auch für unsere Pflanzen im Garten, auf dem Balkon oder der Terrasse verwenden? Falls dich dieser Exkurs neugierig gemacht hat, gebe ich dir hier gleich die Düngungsregel mit: Urin mit Regenwasser im Verhältnis 1 : 9 verdünnen, etwas EM gegen den Geruch hinzufügen und die Pflanzen damit gießen. Der einzige Nachteil ist, dass Urin nicht lagerfähig ist, denn er baut sich zu schnell ab. Deshalb nutze ich ihn für die Terra Preta da Indio.

Nährstoffe

Wie wichtig Nährstoffe und Nährelemente sind, kann man an den Pflanzen bestens feststellen. Im Laufe meiner Gärtnerinnenlaufbahn habe ich die Schadbilder kennengelernt, die bei einem Mangel, aber auch bei einem Überschuss an bestimmten Stoffen entstehen. Auch bei uns zwei- und den vierbeinigen Lebewesen kann ein Mangel oder Überschuss an bestimmten Elementen zu gesundheitlichen Störungen führen. Drei Stoffe spielen beim Pflanzenstoffwechsel eine besondere Rolle:

→ **Stickstoff (N)** ist der wichtigste Nährstoff für Pflanzen. Für ein stabiles Wachstum benötigen sie größere Mengen davon. Ohne Stickstoff würden die Pflanzen verkümmern. Stickstoff wird schnell aus dem Erdreich ausgeschwemmt, und das führt bald zu Mangelerscheinungen. Um das zu vermeiden, braucht es Holzkohle.

→ **Phosphor (P)** finden wir im Boden und im Wasser. Phosphor beeinflusst das Wurzelsystem, das Wachstum, die Blütenbildung, den Fruchtansatz und die Fotosynthese. Phosphor hält sich im Boden recht gut, deshalb ist ein Phosphormangel bei Pflanzen eher unwahrscheinlich.

→ **Kalium (K)** ist wichtig für den Stoffwechsel und Flüssigkeitshaushalt. Bei Gehölzen sorgt es dafür, dass diese rechtzeitig in Winterruhe gehen. Zudem fördert es den Fruchtansatz und erhöht die Widerstandskraft der Pflanzen. Eine gute Verfügbarkeit begünstigt die Qualität und Haltbarkeit von Früchten und Gemüse.

Chemisch-synthetische und mineralische „Spritzmittel“

Bei den Spritzmitteln unterscheiden wir zwischen systemischen und nicht systemischen. Bei den Ersteren sprechen wir von chemisch-synthetischen Mitteln, die in alle Pflanzenteile eindringen – also auch in die Wurzeln, aus denen sie in das Erdreich und damit auch in das Wasser und letztendlich in unsere Meere gelangen. Diese Spritzmittel sind im konventionellen Anbau erlaubt und in meinen Augen für unseren Körper nicht nur belastend, sondern auf lange Sicht auch schädlich. Da sie zum Teil nur sehr schwer abbaubar sind, verbleiben sie über Jahrzehnte im Erdreich und können somit das Bodenleben und den Wasserhaushalt stören. Die nicht systemischen Spritzmittel verbleiben auf der Pflanzenoberfläche, werden durch den Regen abgewaschen und gelangen daher ebenfalls in unseren Boden und Wasserkreislauf, sind aber für die Umwelt weit weniger schädlich. Diese Mittel werden im biologischen Anbau verwendet. Aufgrund ihrer Eigenschaften wirken sie nur oberflächlich und bieten den Pflanzen nur

kurzen Schutz, weshalb die Bio-Bäuerinnen und -bauern dazu gezwungen sind, öfter zu spritzen. Mineralische Spritzmittel sind meist auf Erdölbasis verarbeitet worden und für mich deshalb nicht tragbar. Wenn sie aus pflanzlichen Stoffen hergestellt werden, dann meist aus Fetten (Öl), Gestein und tierischen Eiweißen (wie Molke). Letztere sind für mich unbedenklich. Meines Erachtens sollte man grundsätzlich auf Spritzmittel verzichten, da sie anhand ihrer Eigenschaften uns, die Tiere und unsere Umwelt belasten bzw. sogar schädigen. Für viele Insekten und vor allem für unsere Bienen sind die Inhaltsstoffe der Spritzmittel lebensbedrohend. Sterben unsere Nützlinge, so stirbt auf lange Sicht auch die Menschheit aus. Übrigens sind es nicht immer die Großbäuerinnen und -bauern, die beim Spritzen ihrer Kulturen zu bedenklichen Mitteln greifen, sondern Untersuchungen durch unabhängige Einrichtungen haben ergeben, dass gerade Kleingärtnerinnen und -gärtner gerne chemisch-synthetische Mitteln einsetzen.

Ich persönlich achte darauf, in meinem Garten und beim Kräuteranbau nur jene Mittel einzusetzen, die aus der Apotheke von Mutter Natur stammen und meiner Umwelt nicht schaden. Wie zahlreich diese Mittel und Möglichkeiten sind, wirst du in den nächsten Kapiteln erfahren.

Bio-logischer Pflanzen-schutz

Für mich kommen nur jene Spritz- und Düngemittel infrage, die ich unter Umständen selbst essen oder trinken könnte und die weder mir noch meinem Garten oder der Umwelt Schaden zufügen. Zuallererst versuche ich, meine Pflanzen zu kräftigen, damit sie nicht anfällig für Krankheiten sind. Das gelingt mir, indem ich für optimale Bodenbedingungen (Terra Preta und EM) sorge, aber auch indem ich gezielt und auf natürliche Weise dünge oder präventive Spritzungen vornehme. Dazu dienen mir Jauchen, Brühen, Tees, Extrakte und Kaltauszüge, die ich selbst herstelle.
Als Zutaten verwende ich nicht nur pflanzliches Material, sondern auch so manches Gestein oder tierische Produkte.
In meiner gesamten Ausbildungszeit bin ich nie mit alternativen Methoden in Kontakt gekommen, es ging immer nur um die Symptombehandlung, und zwar mit chemisch-synthetischen Mitteln. Was den biologischen Pflanzenschutz betrifft, konnte ich zwar auf das Wissen meiner Familie aufbauen, aber ich wollte diese Grundlagen für mich vertiefen und erweitern. Der Weg führte über zahlreiche Testreihen. Fortschritte und Rückschläge wechselten sich ab, und ich hatte viel Zeit, das Erlernte zu verinnerlichen.
Ich liste dir nun meine wichtigsten biologischen Pflanzenschutzmittel auf und erkläre dir, wie sie wirken und wie du sie einsetzen kannst.
Es handelt sich um Brühen, Jauchen, Tees, Extrakte und Kaltansätze. Einige davon findest du auch bei den Pflanzenbeschreibungen in anderen Kapiteln.

Brühe

Zubereitung: 1 kg frisches oder 150 g getrocknetes Kraut der jeweils gewünschten Pflanze weiche ich für 24 Stunden in 10 Liter Wasser ein, dann lasse ich alles 30 Minuten lang köcheln. Danach filtere ich die Brühe und verwende sie in einer Verdünnung von 1 : 5.

Die Rainfarnbrühe setze ich nur im äußersten Notfall und bei hartnäckigem Insektenbefall ein. Bei erntereifen Pflanzen wird sie nicht genutzt, da sie stark giftig ist.

Ackerschachtelhalm-brühe	Vorbeugung gegen Bodenpilze, Blattfleckenkrankheit bei Tomaten und Kartoffeln, gegen Rote Spinne, Milben, Monilia und Sternrußtau, Bohnenrost, Salatfäule, Kräuselkrankheit
Brennnesselbrühe	Kräftigung der Pflanzen, fördert das Wachstum, begünstigt den Fruchtansatz als Spritzung nach der Blüte
Eichenrindenbrühe	gegen Pilzkrankheiten und saugende Insekten
Farnkrautbrühe	gegen Schild-, Schmier-, Blutläuse, für die Winterspritzung, auf den Boden gesprüht gegen Schnecken, im Kompost
Hirtentäschelbrühe	zur Regenerierung beanspruchter Böden
Kamillenbrühe	gegen Fäulnis, Wurzelkrankheiten, Grauschimmel bei Erdbeeren, fördert das Wachstum
Krenbrühe (Meer-rettichbrühe)	vorbeugend im Frühjahr gegen Monilia
Rainfarnbrühe	eines der stärksten Insektizide (Läuse, Milben, Motten, Flöhe, Spanner, Käfer, Larven ...) aus der Natur, gegen Schnecken, Rost- und Mehltau
Rhabarberblätterbrühe	gegen Bohnenläuse, Raupen, Lauchmotten und Spinnmilben
Wermutbrühe	gegen Rost an den Johannisbeeren, Ameisen, Raupen und Läuse
Zwiebelschalenbrühe	unverdünnt bei Milben, Pilzerkrankungen und Tomatenbraunfäule

Tee

Bei Tees sollte man genau wissen, was das jeweils verwendete Kraut bewirkt, welche Ziehzeit vonnöten ist oder ob es gar eine Abkochung braucht. Ich verdünne den Tee nun mit Wasser im Verhältnis 1 : 20 beim Ausbringen auf dem Boden oder 1 : 50 bei Spritzungen.

Zubereitung: Hier nimmt man 1 kg frisches oder 150 g getrocknetes Kraut der jeweiligen Pflanze, weicht es für 24 Stunden in 10 Liter Wasser ein, lässt es anschließend ca. 30 Minuten lang köcheln und dann noch ziehen. Nach dem Auskühlen kann der Tee abgefiltert und verwendet werden.

Ackerschachtelhalmtee	Pilzbefall bei Obst, gegen Lauchmotten, Spinnmilben, Kräuselkrankheit, Mehltau, Malvenrost und Grauschimmel
Baldriantee	zur Blattdüngung für blüten- und fruchtbringendes Gemüse, Blumen und Beeren, wirkt gegen Schadinsekten und Pilzerkrankungen
Basilikumtee	Spritz- und Gießmittel für Zimmerpflanzen gegen Läuse, Spinnmilben und Weiße Fliege
Brennnesseltee	gegen Blattläuse, Kräftigung der Jungpflanzen
Eberrautentee	gegen Läuse
Efeublättertee	gegen Läuse und andere saugende Insekten, Apfelschorf
Eichenblättertee	gegen Läuse

Farnkrauttee	gegen Schildlaus- und Blutlausnester
Kamillentee	zur Vorsorge gegen Pilzerkrankungen
Kapuziner-kressetee	verdünnt gegen Blutlaus an Apfelbäumen, Schildläuse und zur Waschung von Baumkrebsgeschwüren
Knoblauchtee	gegen Echten Mehltau, Milben, Pilzerkrankungen, Braunfäule, Thripse, Gallmilben an Johannisbeeren, zur Bekämpfung des Himbeerkäfers
Kohltee	zur Vorbeugung gegen Kohlhernie damit den Boden gießen
Krentee (Meerrettichtee)	gegen Monilia
Löwenzahntee	Verbesserung der Früchte an Bäumen, Beerensträuchern, Erdbeeren und bei Fruchtgemüse
Möhrenkrauttee	zur Abwehr von Zwiebelfliegen und Lauchmotten damit den Boden gießen
Rainfarntee	gegen Rost und Mehltau, Milben, Frostspanner, Läuse, Apfelwickler, Dickmaulrüssler, Weiße Fliege und Sägewespen
Rhabarber-blättertee	stärkt Rosen, Stachelbeeren, Weinreben, wirkt gegen Echten und Falschen Mehltau, schützt gegen Wildverbiss
Schafgarbentee	zur Kräftigung der Blätter, gegen Mehltau
Schnittlauchtee	gegen Pilzbefall
Thujatee	zur Regulierung der Kartoffelkäferlarven
Thymiantee	gegen Kohlweißling, Raupen, Ameisen und Erdraupen
Wermuttee	gegen Läuse, Kirschfruchtfliege, Milben, Säulenrost, Apfelwickler und Bohnenläuse
Zwiebel-schalentee	gegen Erdbeermilben und andere Milben, Grauschimmel und Mehltau

Jauche

Jauchen werden generell mit Regenwasser oder kaltem Wasser angesetzt. Die verwendeten Pflanzen können im getrockneten oder frischen Zustand eingesetzt werden. Wichtig ist, dass du keine Samenstände verwendest, da diese die Gärung unbeschadet überstehen und somit beim Einbringen in die Erde keimen können. Das zerkleinerte Pflanzengut wird in einen gut verschließbaren Gärbehälter eingefüllt und bis 10 Zentimeter unter den Rand mit Wasser aufgefüllt. Nun kann der Gärungsprozess beginnen. Ich selbst gebe gerne EM und etwas Gesteinsmehl gegen den Geruch dazu. Die Gärungszeit kann zwischen 8 Tage und 3 Wochen in Anspruch nehmen, deshalb beobachte ich die Jauche täglich. Sobald sie nicht mehr schäumt, ist der Vergärungsprozess abgeschlossen und die Jauche kann nun eingesetzt werden. Ich fülle sie gerne in Kanister ab, da die gesamte Menge nur selten mit einer Anwendung aufgebraucht ist. Eine Jauche kann nur verdünnt verwendet werden. Ich bevorzuge eine Verdünnung von 1 : 20 beim Ausbringen am Boden. Dies erfolgt nur bei bedecktem Himmel, da ich sonst meine Pflanzen möglicherweise verbrenne. Eine Verdünnung von 1 : 50 benutze ich zum Aufsprühen auf die Blätter, ebenfalls nur bei bewölktem Himmel.

Zubereitung: Du gibst 1 kg frisches oder 150 g getrocknetes Kraut der jeweiligen Pflanze in 10 Liter Wasser. Dieses lässt du nun 8 bis 15 Tage stehen, verdünnst es dann um das 3- oder 4-Fache und fügst 2 % Spiritus sowie 1 % Schmierseife hinzu, um die Wirksamkeit zu erhöhen. Durch die Vergärung stinkt es den meisten Leuten zu viel, aber wenn du EM-Produkte und Gesteinsmehl einrührst, vergeht der Gestank.

Ackerschachtelhalmjauche	zur Pflanzenstärkung, gegen Echten Mehltau, Monilia, Kräuselkrankheit, Blattläuse und Gemeine Spinnmilbe
Beinwelljauche	guter Dünger für Tomaten und Kohl
Birkenblätterjauche	gegen Schorf bei Obstbäumen
Brennnesseljauche	wichtiger Stickstoffdünger, gegen Läuse jeglicher Art und zur Kräftigung aller Pflanzenarten
Eichenblätterjauche	gegen allesfressende und saugende Insekten, Ameisen
Farnkrautjauche	gegen Rostpilz, fressende und saugende Insekten, zur Winterspritzung
Holunderblätterjauche	gegen Raupen, Erdflöhe, Kohlweißling und Erdraupen sowie Wühlmäuse
Kamillenjauche	fördert das Wachstum und beugt Wurzelkrankheiten vor
Knoblauchjauche	gegen Vermehrung von Pilzerkrankungen wie Grauschimmel, Mehltau, Kartoffelbraunfäule sowie gegen Möhrenfliege und Milben
Kohljauche	gegen Kohlhernie und gegen Erdflöhe bei Kohlgewächsen, wegen des hohen Eiweiß- und Vitamingehaltes pflanzenstärkend

Die Ringelblume eignet sich bestens zur Bodenverbesserung und als natürliches Pflanzenschutzmittel.

Löwenzahn-jauche	wachstumsregulierend, verbessert die Qualität von Früchten, als Dünger für Tomaten, Salat und Blumenkohl, zur Winterspritzung von Bäumen und Sträuchern
Rhabarber-blätterjauche	gegen Läuse und Raupen, gegen Schnecken unverdünnt ausbringen
Rainfarnjauche	gegen Rost- und Mehltaupilze, Ungeziefer aller Art, Milben, Erdflöhe und Lauchmotte, sollte aber nicht zu oft verwendet werden
Ringelblumen-jauche	pflanzenstärkend, gesundheitsfördernd, düngende Wirkung bei allen Kulturpflanzen, besonders bei Kohlarten und Tomaten bewährt
Rote-Bete-Jauche	wachstumsfördernd bei neu angelegten und bei beanspruchten Rasenflächen
Thujajauche	in die Gänge gegossen gegen Wühlmäuse und Maulwürfe
Tomatentriebjauche (Ausgeizertriebe)	gegen Schnecken, Kohlweißlinge und zur Wachstumsförderung nährstoffliebender Pflanzen
Wermutjauche	gegen Schnecken, Ameisen, Larven des Dickmaulrüsslers und Raupen
Zwiebelschalen-jauche	gegen Grauschimmel, Mehltau, Möhrenfliege, Milben, Kartoffelfäule, Tomatenbraunfäule, Bakterienkrankheiten und Virenbefall

Vergorene Kräuterjauche

Dazu nehme ich Zwiebeln, Knoblauch, Wermut, Blätter der Schwarzen Johannisbeere und Sauerampfer. 1 kg frische Pflanzenteile oder 100 g getrocknete Pflanzen zu gleichen Teilen in 10 Liter Wasser vergären lassen, täglich umrühren. Diese Kräuterjauche verwende ich zum Kräftigen der Bodenlebewesen, vorbeugend gegen Pilzerkrankungen und zur Kräftigung der Pflanzen.

Kaltauszug

Diese Auszugsmethode wende ich an, wenn ich es mit Wirkstoffen zu tun habe, die nicht hitzebeständig sind. Dabei setze ich die frischen Kräuter oder Pflanzenteile in kaltem Wasser an und lasse den Ansatz 1 Nacht bis maximal 3 Tage stehen. Ich rühre öfter um, filtere den Auszug dann ab und verwende ihn unverdünnt sowohl zum Gießen als auch zum Spritzen.

Zubereitung: Du verwendest auf 10 Liter Wasser ca. 1 kg frisches Kraut, lässt es für 24 Stunden ziehen, filterst es ab und verdünnst es im Verhältnis 1 : 9 mit Wasser.

Beinwell

Beinwellkaltauszug	kräftigt Rosenstöcke
Farnkrautkaltauszug	für die Winterspritzung gegen Schildläuse, Blatt- und Blutläuse
Kapuzinerkresse-kaltauszug	wegen des hohen Schwefelgehaltes gut geeignet zur Kräftigung der Krautpflanzen oder als Beigabe zu anderen Jauchen
Knoblauchkaltauszug	vorbeugend gegen Welke, Stängelfäulnis und Krautfäule an Tomaten
Lavendelkaltauszug	gegen Schnecken, gegen Insekten wie störende Ameisen
Mooskaltauszug	gegen Schnecken, Kraut- und Knollenfäulnis, Kraut- und Braunfäule, Mehltau, kräftigt Moorbeetpflanzen
Rainfarnkaltauszug	für die Winterspritzung gegen Läuse
Salbeikaltauszug	gegen Gemüsefliegen und Kohlweißlinge an Kohlgewächsen, bei störenden Ameisen im Garten und beginnender Krautfäule an Tomaten und Kartoffeln
Schafgarbenkaltansatz	gegen Pilzerkrankungen am Blattwerk
Tomatenblätter-kaltauszug	gegen Erdflöhe, Ameisen und Kohlweißlinge

Die Kapuzinerkresse ist nicht nur lecker. Ihre Kraft nutze ich auch, um als Unterpflanze meine Obstbäume zu schützen.

Extrakt

Bei Extrakten werden die Pflanzen gleich wie beim Kaltauszug eingesetzt, nur kann dabei der Auszug der Wirkstoffe auch mithilfe von Dampfdestillation, Alkohol oder Ölen erfolgen. Extrakte verwende ich, indem ich 1–5 Tropfen mit 1 Liter Wasser verdünne.

Knoblauchextrakt	vorbeugend gegen Pilzerkrankungen
Lavendelextrakt	gegen Nacktschnecken
Pechnelkenextrakt	zur Förderung der pflanzlichen Vitalität, Robustheit und des Ernteertrags, gegen Monilia
Salbeiextrakt	gegen Pilzbefall bei Pflanzen

„Den gelehrten Herrn es sehr verdrießt, dass alles Große so einfach ist.“

Weitere Pflanzenhilfsmittel und Schutzprodukte

Eigentlich ist natürlicher Pflanzenschutz ganz einfach, es braucht nur etwas Zeit und Geduld.

Algenkalk	Düngung für Boden und Pflanzen, Schutz vor Echtem Mehltau, Krautfäule, Lauchmotte, Kartoffelkäfer und Erdflöhe
Ätherische Öle	Fenchelöl hilft gut gegen Echten Mehltau und Rostkrankheiten, Thymian- und Pfefferminzöl gegen Insektenbefall
Backpulver/Natron-Rapsöl: 10 g Backpulver und 5 g Rapsöl/1 Liter Wasser	gegen Falschen und Echten Mehltau
Brottrunk/Kombucha: 1 Liter mit 10 Liter Wasser verdünnt	zur Kräftigung des Bodens, der Pflanzen und des Komposts
Eierschalen: 2 Wochen im Wasser liegen lassen	für die Pflanzenzucht einsetzbar
Gesteinsmehl	gegen Pilzkrankheiten und Insekten, zur Bodenverbesserung
Kaffeepulver: 10 g/1 Liter Wasser	gegen Schnecken, Läuse und andere Blattschädlinge
Kaffeesatz	bei vorsichtiger Verwendung wachstumsfördernd für Pflanzen und Früchte, gut geeignet für säureliebende Pflanzen (Azaleen und Hortensien)
Magermilch: 1 Liter/9 Liter Wasser	gegen Viren- und Pilzbefall

Molke und Milch: 1 Liter/3 Liter Wasser	gegen Pilzerkrankungen, wirkt ähnlich wie Netzschwefel
Moos- und Flechtenansätze und -extrakte: 1 Liter/ 3–5 Liter Wasser (alle Moostypen)	zur Kräftigung der Pflanzen, vorbeugend gegen Pilzbefall und zudem gegen diverses Ungeziefer oder als Insektizid
Nikotin: 1 Zigarette/1 Liter warmes Wasser	gegen alle Läuse, aber Vorsicht: andere Insekten können absterben oder ihre Orientierung verlieren (Bienen)
Olivenöl: 2 EL Olivenöl, je 1 EL Natron und Spülmittel/4 Liter Wasser	gegen Pilzerkrankungen und Läuse
Seifenlösung, besonders geeignet aus Kokosseife	gegen Pilzerkrankungen und Läuse
Spiritus: 1 %/1 Liter Wasser	gegen Läuse

Wenn du in deinem Garten stets mit offenen Augen unterwegs bist, wird dir auffallen, dass es bestimmte Zeiten gibt, in denen Schädlinge und Erkrankungen häufiger auftreten. Ich konnte feststellen, dass Pflanzen meist dann erkranken, wenn sie geschwächt oder über einen längeren Zeitraum ungünstigen Witterungsbedingungen ausgesetzt sind. Deshalb habe ich dir die wichtigsten Schädlinge und Maßnahmen in einer Tabelle zusammengefasst. Die Monate sind in Zahlen angegeben.

Kleiner Tipp: Gerade Topfpflanzen bedürfen besonderer Pflege und Kontrolle, deshalb solltest du sie stets aufmerksam beobachten. Der Pflanzenschutzkalender ist hier eine gute Stütze.

Pflanzenschutzkalender für häufig auftretenden Befall

Schädlinge, Krankheiten, Schadbild	Wo kommen sie vor?	Wann tritt das Problem auf (Monat)?	Maßnahmen
Wühlmäuse: Wurzeln und Knollen angefressen, welkende Pflanzen, Gänge und leichte Aufwerfungen in den Beeten	Wurzel- und Knollenpflanzen	1–12	Hasendraht flächig unter den Beeten auslegen oder einbauen, Wühlmausfallen aufstellen
Schnecken: Fraßschäden, Jungpflanzen verschwinden über Nacht, Schleimspur bei feuchtem Wetter	besonders an weichen Pflanzenteilen und Jungpflanzen	3–10	siehe Kapitel „Schnecken ade"
Blattläuse: junge Blätter kräuseln sich, verkümmern oder vergilben	Triebspitzen und junge Blätter von allen Pflanzen	4–10	Läuse abspritzen und abreiben, mit Gesteinsmehl bestäuben; siehe auch die Kapitel „Nützling oder Schädling?" und „Biologischer Pflanzenschutz"
Kohlerdfloh: siebartig durchlöcherte Blätter, gelb-schwarze Käferchen springen vom Blatt	alle Kohlarten	4–9	Boden immer feucht halten, Wermut oder Rainfarnbrühe sprühen; siehe auch Abschnitt „Beipflanzungen" im Kapitel „Mischkultur"

Erdraupen, Eulenfalterlarven: über Nacht Fraßstellen an Stängeln, Blättern, Wurzeln; Jungpflanzen sterben, im Boden dicke Larven, die sich zusammenringeln	Salate, alle Kohlarten, Möhren, Schwarzwurzeln, Erdbeeren, Tomaten	4–7	Spitzmäuse, Igel, Laufkäfer, Singvögel fördern, Erde regelmäßig lockern, Raupen bei befallenen Pflanzen entfernen (abends)
Grauschimmel: mausgrauer Schimmel auf Blättern, Früchten, jungen Trieben; Pflanzenteile sterben ab, häufig bei feuchtem Wetter	alle Pflanzen, vor allem unter Glas und Folie	4–10	für eine gute Durchlüftung zwischen den Pflanzen sorgen, Glashaus lüften, Pflanzenstärkungsmittel anwenden, befallene Pflanzenteile entfernen
Salatfäule: besonders die äußeren Salatblätter faulen, häufig bei feuchter Witterung	Salate	4–9	nicht mit zu viel Stickstoff (N) düngen, so hoch pflanzen, dass Blätter den Boden nicht berühren, große Pflanzenabstände, Stärkungsmittel anwenden
Kohlhernie/Kohlgallenrüssler: Kümmerwuchs, Knoten an den Wurzeln mit Larve darin	Kohlarten, Radieschen, Rettich	4–10	Fruchtfolge einhalten, Boden mit Kalk versorgen, kranke Pflanzen entsorgen
Kartoffelkäfer: schwarzgelbe Käfer und rötliche Larven fressen Blätter	Kartoffeln, selten an Tomaten oder Melanzane	4–8	Laufkäfer fördern, zur Stärkung von Kartoffeln humose, nicht zu kalkhaltige Böden bevorzugen, mit Gesteinsmehl bestäuben, Käfer und Larven absammeln; siehe auch Abschnitt „Beipflanzungen" im Kapitel „Mischkultur" und Kapitel „Biologischer Pflanzenschutz"

Lilienhähnchen: glänzende rote Käfer und Larven, Kot an Blättern	alle Lilienarten, Lauch, Zwiebeln, Schnittlauch, Knoblauch ...	4–10	Käfer und Larven absammeln, denn es gibt bis zu 3 Generationen im Jahr; siehe auch Kapitel „Biologischer Pflanzenschutz“
Weiße Fliege: 1–2 mm große weiße Motten an Blattunterseiten, Blätter vergilben, häufig bei warmer Witterung	Tomaten, Gurken unter Glas, Kohlarten im Freiland	5–10	Schlupfwespen einsetzen; siehe auch Kapitel „Biologischer Pflanzenschutz“
Spinnmilben: gelbe Pünktchen auf der Blattoberseite, auf der Blattunterseite winzige Tierchen, Blätter vergilben und sterben ab, feine Gespinste	Bohnen, Gurken, Kürbis, Tomaten, Surfinien, Petunien	5–9	Gewächshaus gut lüften und Raubmilben einsetzen
Falscher Mehltau: Blätter vergilben oder an der Blattoberseite gelb-weiße Flecken, auf Blattunterseite weißer Schimmelrasen, der nicht abwischbar ist	Kohlarten, Spinat, Salat, Feld salat, Zwiebeln, Kartoffeln, Tomaten	5-10	luftiger Stand, lockerer Boden, Pflanzenstärkungsmittel, befallene Pflanzenteile entfernen; siehe Abschnitt „Beipflanzungen“ im Kapitel „Mischkultur“ und Kapitel „Biologischer Pflanzenschutz“

Kohlfliege, Rettichfliege: Fraßschäden an Stängelhals und Wurzeln, Fraßgänge in Radieschen und Rettich, Blätter hängen schlapp herab, Pflanzen sterben ab	Kohlarten, Rettich, Radieschen	5–9	nicht zur Flugzeit Ende April/Anfang Mai pflanzen bzw. säen, mit Gesteinsmehl bestäuben, mit duftenden Kräutern mulchen, befallene Pflanzen entfernen; siehe Abschnitt „Beipflanzungen“ im Kapitel „Mischkultur“, Kapitel „Biologischer Pflanzenschutz“ und Kapitel „Nützling oder Schädling?“
Lauchmotte: Fraßspuren an Blättern und im Herz, hellgelbe Raupen mit schwarzen Punkten	Lauch, Zwiebeln, Schnittlauch	5–10	Raupen und Eier absammeln, mit Rainfarntee spritzen; siehe Abschnitt „Beipflanzungen“ im Kapitel „Mischkultur“, Kapitel „Biologischer Pflanzenschutz“ und Kapitel „Nützling oder Schädling?“
Brennfleckenkrankheit: kleine abgestorbene Flecken auf den Blättern, glasige Flecken auf den Hülsen	Bohnen	5–9	Fruchtfolge beachten, kranke Pflanzen entfernen
Zwiebelfliege: junge Zwiebeln fallen um, Maden an Wurzeln, später auch in den Zwiebeln	Zwiebeln	5–8	Fruchtfolge beachten, mit duftenden Kräutern mulchen; siehe Abschnitt „Beipflanzungen“ im Kapitel „Mischkultur“, Kapitel „Biologischer Pflanzenschutz“

Drahtwürmer, Saatschnellkäfer: 2–3 mm breite, runde, tiefe Bohrlöcher in Möhren und Kartoffeln, abgefressene Wurzeln, dünne braune Larven	Jungpflanzen, Salat, Kartoffelknollen, Möhren	5–9	Spitzmäuse, Igel, Laufkäfer, Singvögel fördern, Boden lockern, Kartoffelhälften 4 cm tief eingraben, um Larven anzulocken und abzusammeln
Kohlweißling: schwarzgelbe oder mattgrüne Raupen fressen die Blätter bis auf das Gerippe ab	Kohlarten, Rüben	5–9	Eier und Raupen absammeln, mit Algenkalk oder Gesteinsmehl bestäuben; siehe Abschnitt „Beipflanzungen“ im Kapitel „Mischkultur“, Kapitel „Biologischer Pflanzenschutz“ und Kapitel „Nützling oder Schädling?“
Erbsenwickler: angebohrte Samen, darin kleine Raupen und Kothäufchen	Erbsen, selten bei Bohnen	6–8	sehr frühe oder späte Aussaat; siehe Abschnitt „Beipflanzungen“ im Kapitel „Mischkultur“, Kapitel „Biologischer Pflanzenschutz“ und Kapitel „Nützling oder Schädling?“
Echter Mehltau: mehlig-weißer, abwischbarer Belag auf Blättern, die vertrocknen	Gurken, Kürbisse, Zucchini, Erbsen, Feldsalat, Tomaten	6–9	luftiger Stand, befallene Teile entfernen; siehe Abschnitt „Beipflanzungen“ im Kapitel „Mischkultur“ und Kapitel „Biologischer Pflanzenschutz“
Möhrenfliege: Wurzeln mit rotbraunen Fraßgängen, rötlich gefärbte Blätter	Möhren, selten bei Sellerie und Pastinaken	6–9	siehe Abschnitt „Beipflanzungen“ im Kapitel „Mischkultur“, windige Lage wählen

Kraut- und Knollenfäule: bei feuchter Witterung, braun-schwarze Flecken auf Blättern, Stängeln, Blüten und Früchten, befallene Teile sterben ab	Kartoffeln, Tomaten, Peperoni, Chili	6–9	weite Pflanzabstände einhalten, resistente oder alte Sorten nutzen; siehe Abschnitt „Beipflanzungen“ im Kapitel „Mischkultur“, und Kapitel „Biologischer Pflanzenschutz“
Blattfleckenkrankheit: verschiedenartige Flecken auf den Blättern, die später absterben	Sellerie, Gurken, Lauch, Erbsen, Spinat, Rote Bete, Mangold	6–10	Mischkultur und Fruchtfolge einhalten, resistente oder alte Sorten nutzen; siehe Abschnitt „Beipflanzungen“ im Kapitel „Mischkultur“ und Kapitel „Biologischer Pflanzenschutz“
Rostpilz: erst gelbliche Flecken, später dann rostrote oder orange Pusteln auf den Blättern	Sellerie, Bohnen, Lauch, Schnittlauch, Rosen, Pfefferminze	7–10	regelmäßige Pflanzenstärkung, befallene Pflanzenteile entfernen; im Herbst erkrankte Blätter und Stängel von den Beeten entfernen, siehe Abschnitt „Beipflanzungen“ im Kapitel „Mischkultur“ und Kapitel „Biologischer Pflanzenschutz“

Schnecken-plage ade!

Sommerzeit ist auch Schneckenzeit. Häufig beginnt diese Plage bereits während eines zu warmen und manchmal zu feuchten Frühlings oder nach zu milden Wintern. Die Schnecken sind der Schrecken aller Gärtnerinnen oder Gartenbesitzer, denn sie fressen sich durch unsere Pflanzen – da wird nichts verschmäht! Selbst so manches giftige Jungpflänzchen hobeln die Plagegeister gnadenlos nieder. Sie sind wahrlich unersättlich und ihr Fresswerkzeug ist ebenso außergewöhnlich. Denn sind die Mini-Raspelzähne auf ihrer Zunge vorne abgestoßen, wachsen hinten gleich neue nach. Also kein Wunder, dass diese schleimigen Tierchen jedes noch so große Beet binnen einer Nacht mühelos kahlfressen können. Um diese Plage in den Griff zu bekommen, schwingen manche gerne die chemische Keule. Die führt jedoch nur anfänglich und scheinbar zum gewünschten Erfolg, denn bei sinkenden Temperaturen lässt der Effekt nach. Zudem gefährden die Wirkstoffe oft andere Tiere und Lebewesen im Garten.

Schnecken lieben es, sich zu verstecken. Tagsüber suchen sie in Mauerritzen, unter Brettern oder Blättern Schutz vor Sonneneinstrahlung.

Schnecken biologisch bekämpfen

Früher musste ich immer lachen, wenn mein Mann von Schnecke zu Schnecke ging und vor ihr einige Körner Bio-Schneckenkorn hinlegte oder jede Schnecke einzeln einsammelte. Das kann es doch nicht sein, dachte ich mir und begann, andere Lösungen ins Auge zu fassen. Nun benutzen wir schon seit einigen Jahren nicht einmal mehr das im Bio-Sektor erlaubte Schneckenkorn. Unsere Laufenten machen Jagd auf die Schnecken. Durch die hohe Artenvielfalt, die Förderung ihrer natürlichen Fressfeinde, den Einsatz von EM bemerkte ich, dass diese Vielfraße zunehmend weniger wurden. Dabei ist nicht jede Schnecke als Schädling zu betrachten. Die Weinbergschnecken z. B. fressen meist nur welke, absterbende Pflanzenreste und die Tigerschnegelschnecke labt sich schon mal gerne an den Gelegen der Wegschnecken. Sie ist also ein natürlicher Feind der Wegschnecken, und zu diesen natürlichen Feinden gehören auch Igel, Kröten, Blindschleichen, Feuersalamander und einige Käferarten. In der Spagyrik (Alchemie) hingegen werden Schnecken verbrannt und ihre Asche wird dann im Garten ausgesät. Wer möchte, kann das ja einmal probieren, außer du bist der Meinung, dass es zu grausam ist. Wenn du aber bestimmte Pflanzen unbedingt vor dem Zugriff der Schnecken schützen möchtest, empfehle ich dir, ein Hochbeet anzulegen. Den Rand könnt ihr mit etwas Kupfer oder Zink einfassen, denn diese Metalle mögen Schnecken nicht. Auch ein Kaltansatz aus Rhabarberblättern, auf dem Boden ausgebracht, scheint die Schnecken vom Hochbeet abzuhalten.

Man kann es drehen und wenden, wie man will, aber ich bin der Meinung, dass natürliche Fressfeinde auf lange Sicht immer die beste Hilfe sind. Zudem kannst du deine Beete weit weg vom Komposthaufen und an sonnigen Stellen platzieren. Auch solltest du es vermeiden, Wege mit Brettern oder Steinplatten auszulegen, denn diese bieten

den Schnecken einen sicheren Unterschlupf. Tagsüber suchen sie jeden schattigen Platz auf. Selbst die kleinste Erdfurche kann dabei Schutz bieten. Auch aus diesem Grund solltest du regelmäßig die Erde zwischen den Pflanzen lockern.
Im Folgenden stelle ich dir einige Methoden vor, die beim Vorgehen gegen Schnecken hilfreich sein können.

Mulch und Aroma

Eine der Vorbeugungsmaßnahmen ist das Ausbringen einer dünnen Mulchschicht aus scharfkantigem, gehäckseltem Schilf, Stroh, Heu und Zweigen auf den Beeten. Gibst du zum Mulch dann noch duftende Pflanzenreste oder Farnkraut dazu, dann ist die Abwehr noch effektiver. Wichtig dabei ist, dass der Mulch nicht zu dicht aufgetragen wird, denn sonst dient er den Schnecken schon wieder als Brutstätte. Ist der Mulch richtig angebracht, schützt er das Beet vor zu starker Nässe; denn je feuchter das Beet, desto mehr Schnecken findet man vor. Deshalb solltest du stets auch nur die Pflanzen gießen und nicht auch den umliegenden Boden.

Pflanzliche Feinde und Fallen

In diesem Abschnitt lernst du einige der wichtigsten pflanzlichen Feinde kennen, die du als Schneckenschutz einsetzen kannst. Dabei ist es wichtig, dass sich die Pflanzkulturen abwechseln. Welche Pflanzen zusammenpassen und welche nicht, erfährst du im Kapitel „Mischkultur“.

Tierische Fressfeinde

In einem Garten sollte man immer auch dafür sorgen, dass sich natürliche Fressfeinde willkommen fühlen. Vögel, Spitzmäuse, Igel, Eidechsen, Blindschleichen, Feuersalamander, Frösche, Kröten, Spinnen und so manch anderes Getier brauchen ein Zuhause, einen Platz, wo sie Schutz finden, und eine Überwinterungsmöglichkeit. Deshalb ist mein wildromantischer Garten nicht perfekt aufgeräumt, denn es gibt bei uns Steinhaufen, Trockenmauerreste, Totholz- und Reisighaufen, Nistplätze für Vögel, eine herrschaftsfreie Zone also. Allerdings sollte diese Zone nicht zu nahe an den Beeten liegen. Dort sollte mit Ködern gearbeitet werden: Der klassische Köder ist ein mit Bier gefülltes Glas, das ich im Boden eingrabe. Dabei achte ich darauf, dass der Glasrand ein wenig aus dem Boden herausragt, damit nicht allzu viele andere Kleintiere darin ertrinken. Ist die Falle richtig positioniert, dann platziere ich links und rechts davon einen Stein und lege ein Brett darüber, damit das Bier vom Regen nicht verdünnt wird und auch nicht überlaufen kann. Weitere Köder sind abgefallene Blätter, Grasschnitt, umgedrehte Salatköpfe, feuchte Pappe, Papiersäcke oder Zeitungspapier. Diese Köder legst du am besten immer in Kulturnähe aus, damit du sie regelmäßig kontrollieren und die Schnecken absammeln und entsorgen kannst.

Wir haben Schnecken zum Fressen gern

Nützling	Nahrung
Gartenspitzmaus Sie ist mit Haus-, Feld- oder Wühlmäusen nicht verwandt. Ihre Fressgewohnheiten sind auch anders.	Nacktschnecken, Drahtwürmer, Engerlinge und Maulwurfsgrillen
Igel	alles, was eiweißreich ist, z. B. Schnecken aller Arten, Würmer, Engerlinge ...
Eidechsen, Blindschleichen, Frösche, Feuersalamander und Kröten	Schnecken, Käfer, Würmer, Raupen, Larven
Laufkäfer und Lederlaufkäfer	Schnecken, Larven, Raupen und Würmer
Glühwürmchenlarven	Der Würmchen-Nachwuchs spritzt sein Gift in die Schnecken und saugt sie dann aus.
Laufenten, Enten	Schnecken sind ihre bevorzugte Nahrung, allerdings werden die Eier meist mit dem Kot ausgeschieden.

Unsere Laufenten bei ihrer Arbeit

Schutzwälle und Zäune

Eine Barriere für unsere Beete dient als zusätzlicher Schutz. Einschlägige Produkte findet man im Handel, aber auch ein simples hochkantiges Brett tut seinen Dienst. Wichtig ist, es regelmäßig zu kontrollieren. Mir ist aufgefallen, dass Schnecken diese Barrieren meiden, wenn sie aus scharfkantigem Material oder Metall bestehen. Aber auch Schutzwälle aus Säge- oder Gesteinsmehl, Eierschalen, Getreidespelzen, Kalk und Sand können den Schnecken das Durchkriechen erschweren. Kupferringe oder Kupferdrahtbarrieren werden von den Plagegeistern komplett gemieden, da der Schleim der Schnecken mit dem Kupfer reagiert. Das Beet muss aber trotzdem ab und zu kontrolliert werden, denn mit der mit der Zugabe von Kompost oder Mist finden auch Schneckeneier ihren Weg ins Beet.

Sammeln und Nahkampf

Sollten all diese Schutzmaßnahmen und Mühen nicht wirklich fruchten, so bleibt immer noch die letzte und effektivste Maßnahme: Greift euch beim Einsetzen der Dämmerung ein paar Handschuhe, nehmt einen Eimer zur Hand, streift durch euren Garten und sammelt die Schnecken per Hand ein. Das mache ich vor allem in sehr regenreichen Zeiten, wenn meine Enten mit dem Fressen der Schnecken einfach nicht mehr nachkommen. Wenn es auch grausam klingt: Die effektivste und für die Tiere am wenigsten schmerzhafte Tötungsmaßnahme ist das Überbrühen mit kochendem Wasser. Überflüssig ist es, die Schnecken über den Zaun in die Wiese, den Wald oder auf die Straße zu bugsieren. Am nächsten Tag sind sie wieder da und knabbern genüsslich an deinen Pflanzen weiter.

Nützling oder Schädling?

Ab wann wird ein Tier, ein Käfer, eine Raupe, ein Schmetterling vom Nützling zum Schädling? Die Antwort darauf ist gar nicht so einfach. In unseren Augen ist so manches Getier lästig und unnütz. Aber in der Natur hat jedes Lebewesen ein Daseinsrecht. Zum Schädling kann es dann werden, wenn gewisse Bedingungen dafür gegeben sind, z. B. Überpopulation und Monokulturen. Nehmen wir mal den Borkenkäfer her: Er befällt manchmal ganze Landstriche, vorwiegend Monokulturen. Was vielen nicht so geläufig ist: In einem gesunden Mischwald verursacht der Borkenkäfer keinen nennenswerten Schaden, da er sich hier nicht ungehindert ausbreiten kann und sogar einen nützlichen Beitrag zur Artenvielfalt leistet. So sind wir meist selbst schuld, wenn in unserem Garten die „Schädlinge" das Ruder übernehmen, weil wir ihnen durch einen Mangel an Biodiversität und natürlichen Fressfeinden ideale Bedingungen bieten. In Monokulturen können sich selbst ansonsten harmlose Tiere rasant vermehren und mehr Schaden verursachen, als uns lieb ist. Wo ein vermeintlicher Schädling, ist aber meist auch ein Nützling nicht weit. Deshalb versuche ich in unserem Garten neben der hohen Biodiversität für verschiedene Tiere einen Platz zu schaffen, denn für mich gibt es keinen wirklichen Feind. Es kommt lediglich darauf an, alles so gut wie möglich im Gleichgewicht zu halten oder ins Gleichgewicht zu bringen. Wusstet ihr, dass z. B. ein Meisenpärchen in einer Brutsaison um die 25–30 kg Insekten vertilgt? Ohrwürmer und Marienkäferarten hingegen verschlingen die ganze Saison über Läuse. Ameisen sind sowieso die Saubermänner in unserem Garten, denn sie transportieren totes Blattwerk, Wurzeln und verstorbene Tiere ab. Klar sind sie nicht überall willkommen. Was kannst du dann tun? Wenn du einer Ameisenstraße folgst, so stößt du früher oder später auf das Nest. Es mit Gift zu bekämpfen, ist keine gute Idee, denn die nächsten Generationen passen sich sofort an und sichern so den Fortbestand des Volkes. Deshalb rate ich stets dazu, das Nest auszuheben und umzusiedeln. Normalerweise kommen und gehen Schädlinge von selbst, ansonsten leisten Nützlinge mit ihrer Arbeit einen guten

Beitrag. Wie ihr gesehen habt, ist der Grat zwischen Nützling und Schädling schmal. Es liegt auch an uns selbst, auf welcher Seite des Grats wir unterwegs sein wollen.

Ein Zuhause für Nützlinge

Als Nützlinge bezeichnen wir meist solche Tiere, die einen großen Appetit auf Schädlinge haben. Diese Vielfraße im Garten zu fördern oder anzusiedeln, ist nicht schwer. Viele von uns halten Marienkäfer, Bienen und Hummeln für nützlich, während sie andere Tiere mit Gewalt aus dem Garten zu vertreiben versuchen. Es gibt aber weit mehr Nützlinge, die zwar weniger bekannt, aber daher nicht weniger effektiv sind. Auch unter den größeren Tieren finden wir einige Arten, die wir eher als schädlich betrachten, die aber im Garten genauso von Nutzen sind. Würde jemand von euch eine Spitzmaus als Nützling bezeichnen? Wohl kaum. Aber ganz so einfach ist das nicht. Berufsgärtnerinnen und -gärtner z. B. greifen in der Regel auf Nützlinge aus dem Fachhandel zurück, die dann im Gartenbau oder Gewächshaus ausgesetzt werden. Dieses System ist nicht nachhaltig, ich bezeichne es als „Bed & Breakfast". Es sind keine dauerhaften Gäste; eine längere Bleibe wäre aber wünschenswert. Es sollte ein natürliches Gleichgewicht entstehen, denn in der Natur gibt es im Gegensatz zum Film kein Gut gegen Böse. Die Natur hilft sich eigentlich nach Möglichkeit selbst. Hier kommen auch wir Menschen ins Spiel: Es liegt an uns selbst, den Garten nachhaltig zu bewirtschaften. Aber welche Maßnahmen müssen wir dazu ergreifen? Dieses Thema beschäftigt mich schon seit Jahren. Wir haben diverse Insektenhotels gebaut, Steinhaufen aufgetürmt, Nistplätze und Nistkästen befestigt. Wir säubern den kleinen Wasserlauf am Rande unseres Gartens so gut wie gar nicht, damit die Natur hier ihres Amtes walten kann, und die alte Steinmauer haben wir nur zum Teil restauriert. Zusätzlich gibt es bei uns Tot-

holzecken, Wildsträucher und herrschaftsfreie Pflanzstreifen. Auch jenen Schädlingen (z. B. den Blattläusen), die überwintern und im Frühling gleich damit beginnen, an zarten Pflanzentrieben zu saugen, wirke ich entgegen, indem ich meinen Garten im Winter nicht aufräume und dadurch den Marienkäfern und Ohrwürmern einen natürlichen Überwinterungsplatz reserviere; diese wiederum machen dann den Blattläusen das Leben schwer. Aber auch trockene Samenstände, blühende Beete, leere Schneckenhäuser, hohe Grasbüschel oder Bäume helfen mir dabei, das Gleichgewicht im Garten herzustellen.
Mit welchen Elementen locken wir Nützlinge dauerhaft in den Garten bzw. auf die Terrasse oder den Balkon?

Ein Igel streift durch meinen Garten.

Nützling	Element	Wirkt gegen diese Schädlinge:
Marienkäfer	Blüten mit Nektar und Pollen, Steinhaufen, Trockenmauern, Reisig- und Totholzhaufen, Baumhöhlen und lockere Rinde, Bäume, Wildgehölze, Moos, Laub und Streu auf dem Boden, Stauden, Frucht- und Samenstände, Grasbüschel, Brennnesseln, Löcher im Boden, Bretter	Blatt- und Blutläuse, Schildläuse, Spinnmilben, Thripse, Weiße Fliegen, Weichhautmilben, Woll- und Schmierläuse
Schwebfliegen	Blüten mit Nektar und Pollen, Baumhöhlen und lockere Rinde, Bäume, Wildgehölze, Stauden, Frucht- und Samenstände, Grasbüschel, Brennnesseln	Blatt- und Blutläuse, Thripse, Woll- und Schmierläuse
Florfliegen	Reisig- und Totholzhaufen, Baumhöhlen und lockere Rinde, Blüten mit Nektar und Pollen, Bäume, Wildgehölze, Stauden, Frucht- und Samenstände, Grasbüschel, Brennnesseln	Blatt- und Blutläuse, Raupen, Schild-, Woll- und Schmierläuse, Spinnmilben, Thripse, Weichhautmilben
Raupenfliegen	Blüten mit Nektar und Pollen, Bäume, Wildgehölze, Stauden, Frucht- und Samenstände, Löcher im Boden, in Brettern und Steinen	Blattwanzen, Blattwespen, Larven von Käfern, Raupen, Thripse, Zikaden

Laufkäfer	Steinhaufen, Trockenmauern, Reisig- und Totholzhaufen, Baumhöhlen und lockere Rinde, Bäume, Wildgehölze, Moos, Laub und Streu auf dem Boden, Stauden, Frucht- und Samenstände, Grasbüschel, Brennnesseln, Löcher im Boden, Bretter	Schnecken, Blattläuse, Larven von Käfern und Fliegen, Raupen, Springschwänze
Weichkäfer	Blüten mit Nektar und Pollen, Steinhaufen, Trockenmauern, Baumhöhlen und lockere Rinde, Bäume, Wildgehölze, Moos, Laub und Streu auf dem Boden, Grasbüschel, Brennnesseln, Löcher im Boden, Bretter	Blattläuse, Blattwanzen, Raupen, Spinnmilben, Schnecken
Kurzflügler	Steinhaufen, Reisig- und Totholzhaufen, Teiche und Tümpel, Bäume, Wildgehölze, Moos, Laub und Streu auf dem Boden, Stauden, Frucht- und Samenstände, Löcher im Boden, Bretter und Steine	Blatt- und Blutläuse, Larven von Käfern und Fliegen, Spinnmilben, Springschwänze, Thripse, Weiße Fliegen, Schnecken

Feuersalamander sind wichtige Indikatoren für eine intakte Umwelt und dezimieren Schnecken. In Europa wurden sie als gefährdet eingestuft, in meinem Garten gibt es glücklicherweise noch viele von ihnen.

Räuberische Wanze	Blüten mit Nektar und Pollen, Baumhöhlen und lockere Rinde, Bäume, Wildgehölze, Moos, Laub und Streu auf dem Boden, Grasbüschel, Brennnesseln	Blatt- und Blutläuse, Raupen, Spinnmilben, Blattwanzen
Ohrwürmer	Steinhaufen, Trockenmauern, Reisig- und Totholzhaufen, Baumhöhlen und lockere Rinde, Bäume, Wildgehölze, Löcher im Boden, Bretter	Blatt- und Blutläuse, Raupen, Schildläuse, Spinnmilben
Schlupfwespen	Blüten mit Nektar und Pollen, Baumhöhlen und lockere Rinde, Stauden, Frucht- und Samenstände, Bäume, Wildgehölze, Grasbüschel, Brennnesseln	Blatt- und Blutläuse, Larven von Käfern und Spinnen, Raupen, Spinnmilben
Spinnen	Steinhaufen, Trockenmauern, Reisig- und Totholzhaufen, Baumhöhlen und lockere Rinde, Bäume, Wildgehölze, Moos, Laub und Streu auf dem Boden, Stauden, Frucht- und Samenstände, Grasbüschel, Brennnesseln, Löcher im Boden, Bretter	Blattläuse, Gemüsefliegen, Raupen, Spinnmilben, Schildläuse, Springschwänze
Raubmilben	Blüten mit Nektar und Pollen, Baumhöhlen und lockere Rinde, Bäume, Wildgehölze, Moos, Laub und Streu auf dem Boden, Grasbüschel, Brennnesseln, Löcher im Boden, Bretter	Spinnmilben, Weichhautmilben

Eidechsen, Blindschleichen	Steinhaufen, Trockenmauern, Reisig- und Totholzhaufen, Moos, Laub und Streu auf dem Boden, Löcher im Boden, Bretter	Schnecken, Käfer, Würmer, Raupen, Larven
Kröten, Frösche, Feuersalamander	Steinhaufen, Reisig- und Totholzhaufen, Teiche und Tümpel, Bäume, Wildgehölze, Moos, Laub und Streu auf dem Boden, Löcher im Boden, Bretter	Schnecken, Käfer, Würmer, Raupen, Larven
Singvögel	Baumhöhlen und lockere Rinde, Bäume, Wildgehölze, Stauden, Frucht- und Samenstände	Blatt- und Blutläuse, Raupen, Larven, Fliegen, Käfer, Würmer
Spitzmäuse und Igel	Steinhaufen, Reisig- und Totholzhaufen, Bäume, Wildgehölze, Moos, Laub und Streu auf dem Boden	Schnecken, Käfer, Würmer, Raupen, Larven

Einige beliebte Nützlinge

→ **Der Marienkäfer** ist als Vielfraß unschlagbar, denn er selbst und seine Larven vertilgen Unmengen an Läusen. Größere Arten wie der Siebenpunkt-Marienkäfer verzehren am Tag bis zu 150 Läuse, während der Zweipunkt-Marienkäfer es immerhin auf 60 Stück bringt. Marienkäfer sind bei ihren Gartenrundflügen ständig auf Läusejagd. Haben sie eine Läusekolonie ausfindig gemacht, legen sie ihre ovalen gelben Eier mitten in die Läusekolonie. Einmal geschlüpft, kann das Schlemmen losgehen.

→ **Schwebfliegen** legen ihre länglichen weißen Eier vorzugweise in unmittelbarer Nähe der erwartbaren Nahrung ab. Die ausgewachsenen Tiere benötigen Nektar und Pollen, während ihre Larven bis zur Verpuppung an die 700 Blattläuse vernichten.

Die Larve
des Marienkäfers

Marienkäfer sind nicht nur niedlich anzusehen – sie sind auch ganz schön gefräßig und lieben Läuse.

→ **Ohrwürmer** knabbern bei Nahrungsknappheit hin und wieder an Blüten und Früchten. Dies ist aber nicht ihre bevorzugte Nahrung, denn in der Regel fressen sie in einer Nacht über 100 Läuse. Aber auch Raupen und Spinnmilben stehen auf ihrem Speiseplan. Ihren schlechten Ruf haben sie eindeutig zu Unrecht, ihr solltet sie leben lassen.

→ **Lehmwespen** legen in ihren Nestern ganze Vorratskammern aus Falterraupen an, damit ihre Larven gut versorgt sind. Geeignete Nisthilfen locken diese Tiere in den Garten.

→ **Schlupfwespen** lehren viele Falterarten das Fürchten. Die meisten legen ihre Eier in den Raupen selbst ab. Andere wiederum befallen die Schmetterlingseier oder -puppen. Die Wespenlarven ernähren sich nun vom Körpersaft des Wirtes. Klar klingt das schrecklich, aber auf ihrem Speiseplan stehen auch berüchtigte Schädlinge wie der Apfelwickler, der Kohlweißling oder der Prozessionsspinner.

→ **Bienen-, Wildbienen-, Hummel- und Wespenarten:** Dass Bienen und ihre Verwandten eine wichtige Rolle in der Nahrungsmittelproduktion spielen, drückt ein Spruch aus, den man immer wieder hört bzw. liest: „Stirbt die Biene, so stirbt vier Jahre danach der Mensch." Hier geht es nicht allein um die Honigbiene; sie ist zwar immer wieder auf Schutz vor Krankheiten und Schädlingen angewiesen, aber nicht unbedingt vom Aussterben bedroht. Vielmehr geht es um ihre Artgenossen, die Wildbienen- und Wespenarten. Einige von ihnen stehen schon auf der roten Liste der bedrohten Tierarten. Viele unserer Pflanzen werden von den Wildbienen, Hummeln und Wespen bestäubt. Die Honigbiene spielt in diesem Falle nur eine untergeordnete Rolle. Einige Pflanzen haben sich auf die Bestäubung durch nur eine Bienenart spezialisiert. Wenn diese Bienenart ausstirbt, verschwindet auch

Eine Holzbiene auf Sibirischem Brennkraut. Diese großen Blüten passen perfekt zur großen Bienenart.

diese Pflanze, und umgekehrt. Leider taugt nicht jede Blütenpflanze, die wir zum Schmuck unserer Balkone, Terrassen oder Gärten kaufen, auch als Nahrungsquelle für Bienen oder andere Insekten. Die weitum beliebten Geranien sind nur als reine Dekoration gezüchtet worden und für Bienen und andere Insekten wertlos. Wie könnt ihr also Bienen in euren Garten locken und dafür sorgen, dass sie auch als Dauergast bleiben? Dazu benötigt ihr genügend blühende Pflanzen, Sträucher, Hecken, Gräser, Beerenobst, Obst- und andere blühende Bäume. Dabei solltet ihr darauf achten, dass nicht alles zur selben Zeit blüht, denn ein Überangebot kann zu fehlenden Befruchtungen führen. Damit sich Wildbienen, Hummeln und Wespen in eurem Garten auch ansiedeln, benötigen sie dieselben Bedingungen wie in der Tabelle im Kapitel „Ein Zuhause für Nützlinge" für andere Insekten angegeben. In den letzten Jahren konnte ich in meinem Garten sehen, wie sich so einiges getan hat. Von Jahr zu Jahr entdecke ich neue Bienenarten, und das erfreut mein Herz, denn mein Garten wird immer mehr zu einem Paradiesgarten und einer Arche Noah für bedrohte Tiere. Mein ganzer Stolz ist die Schwarze Holzbiene, eine ganz besondere Gattung. Auch die Lehmbienen, Hummeln, Holzwespen, Schlupfwespen im Garten sind der Beweis dafür, dass biologisches Gärtnern das Gleichgewicht in der Natur herstellt.

Hummeln fliegen im Garten selbst bei kühlen Temperaturen und Regen.

Freilich besteht nicht überall die Möglichkeit, alle empfohlenen Maßnahmen umzusetzen. Welche man für sich und seinen Garten, seinen Balkon oder seine Terrasse nutzt, muss man selbst entscheiden. Zum biologischen, nachhaltigen Gärtnern und Pflanzenschutz gehört auch das Wissen über Mischkultur, Beipflanzungen und Fruchtfolge dazu. In der Tabelle „Beipflanzungen und ihre Wirkung" auf S. 180–182 findet ihr weitere Infos dazu.

Zum Bau eines Insektenhotels nutze ich alte Tonrohre. In diese gebe ich hohle Pflanzenstängel, z. B. Bambusrohre, die manchen Bienenarten als Nistplatz und anderen Insekten als Winterquartier dienen.

Kleiner Tipp: Im Fachhandel findet ihr Insektenhotels, auf YouTube Anleitungen, wie ihr solche selbst bauen könnt.

Misch-
kultur

Das Prinzip der Mischkultur war bereits unseren Vorfahren bekannt. Die Monokultur in der Landwirtschaft und im Nutzgarten setzte sich erst später, während der industriellen Revolution, durch. Bald fiel aber auch auf, dass das Gemüse nicht mehr so gut und reichhaltig wuchs. Monokultur tut dem Boden mittel- und langfristig nicht gut: Dieser wird ungleichmäßig ausgelaugt, die Pflanzen schützen sich nicht gegenseitig, es muss künstlich gedüngt und bei Schädlingsbefall oder Krankheit auch noch gespritzt werden, um den Ertrag zu sichern.
Die Mischkultur hingegen ist ein Grundpfeiler der biologischen, nachhaltigen Bewirtschaftung und besteht darin, dass man bestimmte Pflanzen in Partnerschaft zu anderen pflanzt. Das Zusammenspiel der verschiedenen Partnerpflanzen beugt nicht nur Krankheiten vor und schützt vor Schädlingen, sondern trägt auch dazu bei, den Boden gesund zu erhalten. Wenn man der Natur genau auf die Finger schaut, so wird man feststellen, dass sich in einer Mischkultur die Pflanzen auf natürlichem Wege ergänzen und einander guttun, anstatt sich zu bekämpfen oder gar zu schädigen. Solche Pflanzengemeinschaften bezeichnet man als „gute Nachbarn", und genau eine solche harmonische Pflanzengemeinschaft könnt ihr mit einer Mischkultur oder Beipflanzungen erreichen. Ihr sollt dabei darauf achten, dass sich die Pflanzen im selben Beet ober- und unterirdisch ergänzen und sich nicht durch das jeweilige Wachstum bedrängen. Im Idealfall entnehmen die unterschiedlichen Pflanzenarten im Beet dem Boden unterschiedliche Nährstoffe und geben während ihrer Vegetationszeit ihre selbst produzierten Stoffe an den Boden zurück. So entsteht ein fortlaufender Kreislauf aus „Nehmen und Geben".
Sich gut riechen zu können, ist in diesem Falle wörtlich zu nehmen: Die entscheidende Rolle spielen hier die Wurzelausscheidungen und Duftstoffe (Pheromone). Können sich die Pflanzen gegenseitig nicht riechen, dann gedeihen sie entweder schlecht oder gar nicht. Es gibt sogar Pflanzen, die diese Duftstoffe nutzen, um ihre eigenen „Fressfeinde" anzulocken. Lieber lassen sie sich fressen, als in dieser

In Mischkulturen unterstützen sich die Pflanzen gegenseitig, auch beim Schutz vor Krankheiten.

Gemeinschaft gedeihen zu müssen. Eine gut funktionierende Partnerschaft entsteht dann, wenn der Duft einer Pflanze die andere unterstützt. Das kann so weit gehen, dass der Duft von Gewürzpflanzen nicht nur Schädlinge und Krankheiten fernhält, sondern auch den Geschmack der jeweiligen Partnerpflanze hebt oder deren Inhaltsstoffe verbessert. Setzt man z. B. Kümmel oder Koriander neben Frühkartoffeln, so schmecken diese einfach besser. Man sollte aber auch beachten, dass man in der Mischkultur die Nachbarschaft von Pflanzen vermeidet, die zu der gleichen Krankheit neigen, damit diese nicht zusätzlich begünstigt wird und ganze Schädlingsnester entstehen. Mischkultur fördert auch das Wachstum. Ist dann auch noch genügend Humus vorhanden, kann man auf engstem Raum mehr kultivieren, als man selbst verzehren kann. Ein sorgfältiger Anbauplan kann dabei helfen und spart Zeit.

Beipflanzungen und ihre Wirkung

Pflanze für die Bei- oder Unterpflanzung	Welche Pflanze profitiert von einer Bei- oder Unterpflanzung?	Schutzwirkung
Basilikum	Tomaten, Gurken, Kohl	gegen Mehltau und Weiße Fliege
Beinwell	Obstbäume	Nährstofflieferant, für den Kompost
Bohnenkraut	Bohnen	gegen Läuse, fördert Wachstum
Borretsch	insektenbestäubte Pflanzen	lockt Insekten an, fördert Wachstum
Brennnessel	Obstbäume, Sträucher	gegen Läuse, fördert Gesundung
Buchweizen	Sellerie	macht Kali verfügbar
Dill	Möhren, Rote Bete, Kohl	fördert Keimung, gegen Schädlinge
Eberraute	Kohl	gegen den Kohlweißling
Erbse	Kartoffeln	vertreibt den Kartoffelkäfer
Fenchel	die meisten Pflanzen	vertreibt Fliegen, Flöhe, Ameisen
Hafer	Dicke Bohnen	gegen Läuse
Kamille	Lauch, Kohlarten, Zwiebeln	schützt vor Lauchmotten, vertreibt Fliegen, Mücken, fördert Wachstum

Kapuzinerkresse	Jungbäume, Obstbäume, Kürbis	gegen Läuse, Käfer, Wanzen, fördert Gesundung, gegen den Apfelwickler
Katzenminze	die meisten Pflanzen	vertreibt Flöhe, Ameisen, Nagetiere
Kerbel	Salat	gegen Läuse
Knoblauch	Erdbeeren, Rosen, Himbeeren, Beerenobststräucher, Gurken, Möhren, Obstbäume, Salat, Schwarzwurzeln, Tomaten	bakterizide und fungizide Wirkung, gegen Läuse, hält Mäuse fern
Kohl, Kohlrabi	Sellerie, Tomaten	beugt Sellerierost und Blattfleckenkrankheit bei Tomaten vor
Kren (Meerrettich)	Pfirsich, Kirsche	gegen Kräuselkrankheit und Monilia
Lavendel	Rosen	gegen Ameisen und Läuse
Majoran	Zwiebeln	schützt vor Mehltau
Möhre	Lauch, Zwiebeln	wehrt Lauchmotten und Zwiebelfliege ab
Pfefferminze	Kohl, Wein	gegen den Kohlweißling, Mehltau, schreckt Läuse, Flöhe und Kleidermotten ab
Porree (Lauch)	Möhren	beugt Schimmelkrankheiten vor
Rainfarn	Obstbäume	gegen Ameisen, Mäuse, Insekten, gute Zugabe zum Kompost
Rettich	Porree, Gurken, Zucchini	gegen Lauchmotte, Gurkenkäfer, Gemüsefliegen

Ringelblume	Kartoffeln, Kohl	gegen Nematoden, Drahtwürmer, höherer Ernteertrag, Bodengesundung
Rosmarin	Kohl, Möhren, Bohnen	gegen Kohlweißling, Möhrenfliege, Bohnenkäfer
Salat	Kohl, Radieschen, Rettich	hält Erdflöhe von den Nachbarpflanzen fern
Salbei	Kohl, Möhren	gegen Schädlinge, Möhrenfliege
Schnittlauch	Apfelbäume, Möhren	Apfelschorf, Möhrenfliege
Sellerie	Kohlgewächse, Lauch	hält Kohlweißling fern, verbessert Wachstum
Sonnenblumen	die meisten Pflanzen	wehrt Läuse ab
Spinat	alle Gemüsearten	fördert durch die Saponine das Wachstum benachbarter Pflanzen
Tagetes	Tomaten, Kohl, Kartoffeln, Erdbeeren, Gurken, Zucchini	gegen Nematoden, Viren und Weiße Fliege
Tomate	Kohlgewächse	wehrt den Kohlweißling ab
Wermut	Johannisbeeren, Porree	schützt vor Säulenrost, Lauchmotte
Zwiebeln, Schalotte	Erdbeeren, Möhren	gegen Pilzkrankheiten, Spinnmilben, Möhrenfliege

Gute Gemeinschaften gründen

Pflanze	Günstige Partner	Ungünstige Partner
Buschbohnen	Bohnenkraut, Erdbeeren, Gurken, Sellerie, Rote Bete, Kohlarten, Salat, Tomate	Erbsen, Fenchel, Lauch, Knoblauch, Zwiebeln
Endivie	Fenchel, Kohlarten, Lauch, Stangenbohnen	
Erbsen	Dill, Fenchel, Gurken, Kohlarten, Mais, Möhren, Kohlrabi, Salat, Radieschen, Zucchini	Bohnen, Kartoffeln, Lauch, Knoblauch, Tomaten
Erdbeeren	Borretsch, Buschbohnen, Knoblauch, Salat, Spinat, Lauch, Radieschen, Schnitt-lauch, Zwiebeln	Kohl
Fenchel	Endivie, Erbsen, Feldsalat, Gurken, Salat, Salbei	Bohnen, Tomaten
Gurken	Bohnen, Dill, Erbsen, Fenchel, Kohl, Salat, Kümmel, Lauch, Mais, Rote Bete, Sellerie, Zwiebeln	Tomaten, Radieschen
Kartoffeln	Dicke Bohnen, Kohlarten, Kohl-rabi, Kümmel, Mais, Tagetes, Spinat	Kürbis, Tomaten, Sonnenblumen, Sel-lerie
Knoblauch	Erdbeeren, Gurken, Himbeeren, Lilien, Möhren, Rosen, Obst-bäume, Tomaten, Rote Bete	Erbsen, Stangenboh-nen, Kohl
Kohlarten	Bohnen, Dill, Endivie, Erbsen, Kartoffeln, Lauch, Salat, Sellerie, Spinat, Tomaten	Erdbeeren, Knob-lauch, Senf, Zwiebeln

Kohlrabi	Bohnen, Erbsen, Kartoffeln, Salat, Tomaten, Radieschen, Rote Bete, Sellerie, Spinat, Lauch	
Kopfsalat	Bohnen, Dill, Erbsen, Erdbeeren, Gurken, Kohl, Lauch, Möhren, Tomaten, Zwiebeln	Petersilie, Sellerie
Lauch	Erdbeeren, Kohl, Salat, Möhren, Sellerie, Tomaten	Bohnen, Erbsen, Rote Bete
Möhren	Dill, Erbsen, Knoblauch, Lauch, Radieschen, Rettich, Tomaten, Zwiebeln, Schnittlauch	
Radieschen, Rettich	Bohnen, Erbsen, Kohl, Salat, Möhren	Gurken
Sellerie	Spinat, Buschbohnen, Gurken, Kohl, Lauch, Tomaten, Kohlrabi	Kartoffeln, Salat, Mais
Tomaten	Buschbohnen, Knoblauch, Kohl, Kohlrabi, Basilikum, Tagetes	Erbsen, Fenchel, Kartoffeln
Zucchini	Salat, Lauch, Möhren, Petersilie, Rettich, Spinat, Radieschen, Rote Bete, Sellerie, Stangenbohnen, Zwiebeln	
Zwiebeln	Bohnenkraut, Erdbeeren, Dill, Salat, Möhren, Rote Bete	Bohnen, Erbsen, Kohl

Kleiner Tipp: Gerade in den kleineren Gärten oder Topfgärten zahlt es sich aus, mit Mischkultur zu arbeiten, denn so können sich die Pflanzen gegenseitig unterstützen und schützen. Zudem hat man oft auf kleinstem Raum eine reiche Ernte.

Frucht-
wechsel

Sollte man sich nicht für eine Mischkultur entscheiden können, dann ist es umso wichtiger, eine Kulturfolge bzw. einen Fruchtwechsel zu gewährleisten, das heißt, dass nicht über einen längeren Zeitraum Pflanzen derselben Familie auf demselben Standort wachsen sollen. Bei Gemüse sollte der Fruchtwechsel jedes Jahr erfolgen, bei Kräutern alle 3 bis 4 Jahre.
Der Fruchtwechsel beugt Schädlingsbefall sowie Krankheiten vor und sorgt dafür, dass der Nährstoffgehalt im Boden ausgeglichen bleibt.
In der folgenden Tabelle findest du die Verwandtschaftsverhältnisse der wichtigsten Gemüse-, Obst- und Kräuterpflanzen.

Gruppenbild einiger Lippenblütler

Kleiner Tipp: Bei Töpfen ist der Fruchtwechsel nur dann wichtig, wenn du die Erde über einen längeren Zeitraum nicht wechselst.

Welche Pflanze gehört zu welcher Familie?

Korbblütler Artischocke, Salate (nicht alle), Chicorée, Haferwurzel, Kamille, Arnika, Löwenzahn, Wermut, Ringelblume, Schwarzwurzel, Endivie, Topinambur, Estragon, Kornblume	**Doldenblütler** Fenchel, Dill, Koriander, Anis, Kümmel, Kerbel, Petersilie, Liebstöckel, Sellerie, Möhren, Erdkastanie, Engelwurz, Pastinaken, Bibernelle	**Schmetterlingsblütler** Erbsen, Buschbohnen, Stangenbohnen, Dicke Bohnen, Speiseplatterbsen, Zuckerschote
Kreuzblütler Kohl, Kohlrabi, Brokkoli, Blumenkohl, Wirsing, Sprossenkohl, Steckrübe, Speiserübe, Rucola, Retticharten, Meerrettich, Senfarten, Kressearten, Chinakohl	**Rosengewächs** Erdbeeren, Himbeeren, Brombeeren, Pimpinelle, Blutwurz, Frauenmantel, Mädesüß	**Lippenblütler** Basilikum, Bohnenkraut, Oregano, Indianernessel, Minzearten, Thymianarten, Rosmarin, Salbei, Melisse
Lauchgewächse Bärlauch, Schnittlauch, Lauch, Zwiebel, Knoblauch, Etagenzwiebel, Berglauch, Winterheckenzwiebel, Ausdauernder Lauch	**Nachtschattengewächse** Kartoffeln, Tomaten, Chili, Melanzane, Peperoni, Andenbeere, Ananaskirsche, Tomatillo, Litschipflaume	**Kürbisgewächse** Ölkürbis, Speisekürbisarten, Zucchiniarten, Melonenarten, Gurkenarten

Gemüsearten

Außer nach Familien kann man Gemüse auch nach Art der Nutzung einteilen. Beim Fruchtwechsel ist auch darauf zu achten, dass sich die Gemüsearten abwechseln.

Gemüse nach Art der Nutzung

Wurzel-, Knollengemüse	Kartoffeln, Möhren, Rote Bete, Radieschen, Pastinaken
Kohlgemüse	Kohlkopf, Brokkoli, Rosenkohl, Blumenkohl, Kohlrüben, Kohlrabi, Grünkohl
Hülsenfrüchte	Erbsen, Bohnen
Zwiebelgemüse	Knoblauch, Lauch, Schalotten, Zwiebeln, Frühlingszwiebeln
Stängel-, Staudengemüse	Gartenkürbis, Riesenkürbis, Zucchini, Moschuskürbis, Melonen, Gurken, Mangold, Sellerie, Spargel, Stielmus, Spargel, Spargelsalat
Fruchtgemüse, Nachtschatten-gewächse	Tomaten, Paprika, Peperoni, Melanzane, Chili, Mais
Fruchtgemüse, Kürbisgewächse	Gartenkürbis, Riesenkürbis, Zucchini, Moschuskürbis, Melonen, Gurken
Salate – Blattgemüse	Kopfsalat, Senfkresse, Radicchio, Chicorée, Endivie, Rucola, Spinat, Mangold

Blumenkohl

Zusätzlich zur Zugehörigkeit der Pflanzen zur jeweiligen Pflanzenfamilie und zur jeweiligen Gemüseart nach Nutzung gilt es aber, noch ein weiteres Unterscheidungsmerkmal zu berücksichtigen: Es gibt nämlich unter den Pflanzen Starkzehrer und Schwachzehrer. Starkzehrende Pflanzen entnehmen dem Boden eine große Menge an Nährstoffen, Schwachzehrer kommen mit weniger aus. Es versteht sich von selbst, dass besser niemals zwei oder mehr Starkzehrer in dasselbe Beet kommen oder hintereinander gepflanzt werden sollten.

Einteilung der Gemüsepflanzen nach Nährstoffbedarf

Starkzehrer	Gurken, Kohlarten, Kürbisse, Mais, Paprika, Porree, Sellerie, Tomaten, Zucchini
Mittelzehrer	Mangold, Möhren, Pastinaken, Rettich, Rote Bete, Salate, Spinat, Zwiebeln
Schwachzehrer	Bohnen, Erbsen, Feldsalat, Petersilie, Radieschen

Die meisten Salate gehören zur Familie der Korbblütler.

Einteilung der Kräuter nach Nährstoffbedarf

Starkzehrer	Alant, Baldrian, Bärlauch, Basilikum, Beifuß, Beinwell, Eibisch, Engelwurz, Fenchel, Frauenmantel, Hopfen, Indianernessel, Liebstöckel, Malve, Petersilie, Pfefferminze, Schnittlauch, Sonnenhut, Spitzwegerich, Stockrose, Zitronenmelisse
Schwachzehrer	Andorn, Berg-Bohnenkraut, Bergminze, Blutwurz, Dost, Kalifornischer Mohn, Kamille, Kornblume, Lavendel, Quendel, Ringelblume, Rose, Rosmarin, Salbei, Schafgarbe, Schlüsselblume, Silberfrauenmantel, Tagetes, Thymian, Ysop, Zitronenthymian

Wie ihr seht, ist es auf jeden Fall sinnvoll, ein Gartentagebuch zu führen, damit ihr den Überblick darüber habt, womit ihr die Beete jeweils wann bepflanzt habt. So könnt ihr dafür sorgen, dass Boden und Pflanzen stets gesund bleiben.

Der Mond

Als ich die Lehre in der Gärtnerei begann, musste ich feststellen, dass das, was ich in meiner Familie gelernt hatte, plötzlich keine Bedeutung mehr hatte. Die Pflanzen im Betrieb wurden nicht mehr nach Mond- und Sternzeichenstand behandelt, gesät, geschnitten oder gepflanzt, sondern einfach nach Jahreszeit. Für mich war das unverständlich, hatte ich doch die Jahre zuvor beobachten dürfen, was alles mit dem Stand des Mondes und seinen Phasen zusammenhängt. Und nun sollte das, was seit dem Beginn des Ackerbaus und der Viehzucht ein wichtiges Kriterium war, plötzlich nicht mehr beachtet werden? Dabei wirkt sich die Anziehungskraft des Mondes dadurch, dass sie die Gezeiten erzeugt, auf die Umdrehungsgeschwindigkeit der Erde aus. Auch das Wetter, das Wachstum der Pflanzen und die Gesundheit von Mensch und Tier werden vom Stand des Mondes beeinflusst. Unsere Ahnen berechneten das Jahr nach Vollmonden, meistens sind es 12, aber es gibt auch Jahre mit 13 Vollmonden. Heute weiß man, dass der Mond für seine Umlaufbahn um die Erde genau 29 Tage, 12 Stunden und 44 Minuten braucht. Das Mondjahr ist folglich etwa 11 Tage kürzer als das Sonnenjahr. Angeblich sind so die 11 Raunächte entstanden. Erst als es den ersten Kalender nach der Sonne gab, entsprach er ungefähr jenem Jahresverlauf, den wir heute kennen. In der Neuzeit begann man damit, altes Wissen als Aberglauben abzutun, aber mittlerweile schei-

nen anerkannte Studien den Einfluss des Mondes auf uns Menschen und die Natur wieder zu beweisen.
In meiner Familie hat man immer schon auf das Sternzeichen geachtet, in dem der Mond gerade stand. So wurden uns die Haare an Löwe- oder Jungfrautagen geschnitten. Der Christbaum wurde kurz vor dem 11. Vollmond des Jahres oder am 24. Dezember geschlagen. Das Sauerkraut hat man an Steinbock- oder Stiertagen bei zunehmendem Mond eingestoßen. Dann gibt es noch so manch andere Regel für das Anpflanzen von Gemüse. Um sie einzuhalten, muss man wissen, was welcher Mondstand bewirkt und welche Bedeutung das jeweilige Sternzeichen hat.

Die vier Mondphasen

→ **Neumond:** Alle Kräfte stehen auf Neubeginn. Kranke Pflanzen, die an diesem Tag beschnitten werden, regenerieren sich gut. Die Wirksamkeit von Entschlackung und Entgiftung ist hoch.

→ **Zunehmender Mond:** Die Zeit ist günstig für das Pflanzen von Gemüse, die nach oben wachsen, für Obst, Blumen und Rasen. Der Körper ist auf Aufnehmen, Speichern und Verwerten eingestellt.

→ **Vollmond:** Jetzt ist die Aufnahmefähigkeit auf dem Höhepunkt und daher ist der Zeitpunkt ideal zum Pflanzendüngen. Die Kraft der Heilkräuter ist besonders groß. Sensible Menschen leiden in dieser Zeit unter Schlafstörungen, die Anfälligkeit für Gicht, Migräne und Rheuma steigt zudem an. Wunden heilen langsamer.

→ **Abnehmender Mond:** In der Natur fließen die Säfte abwärts, die Energien gehen in die Wurzeln. Die Erde ist aufnahmebereit, was Düngungen und Bewässerung besonders wirkungsvoll macht. Im Körper ist Ausspülen angesagt. Wunden heilen besonders gut.

Auswirkung des Mondes in den zwölf Tierkreiszeichen

Durch die Kombination der Impulse der Mondphase mit den Einflüssen der Sternbilder entstehen Kräfte, die in verschiedenen Bereichen wirksam werden. Grundsätzlich werden die zwölf Tierkreiszeichen in vier Gruppen eingeteilt, die sogenannten Trigone. Jede Gruppe ist einem Urelement zugeordnet.

Trigon		**Witterung**	**Ernährung**	**Pflanzen**
Feuer	Widder, Löwe, Schütze	Wärmetage	Eiweiß	Fruchttage
Erde	Stier, Jungfrau, Steinbock	Kältetage	Salz	Wurzeltage
Luft	Zwillinge, Waage, Wassermann	Lichttage	Fett	Blütentage
Wasser	Krebs, Skorpion, Fische	Wassertage	Kohlenhydrate	Blatttage

Wirkung der zwölf Tierkreiszeichen

auf die Witterung	auf die Ernährung	auf die Pflanzen
Wärmetage angenehme, warme und milde Grundstimmung, auch wenn der längere Wettercharakter unfreundlich ist; im Sommer Gewitterneigung	**Eiweiß** An Feuertagen wirken eiweißhaltige Nahrungsmittel in der Regel günstig auf den Organismus und fördern den Zellaufbau.	**an Fruchttagen** Bohnen, Erbsen, Linsen, Soja, Mais, Tomaten, Paprika, Kürbisse, Gurken, Zucchini, Melanzane, Beeren, Melonen, Feigen
Kältetage kühles Mikroklima, auch wenn die Lufttemperaturen hoch sein sollten; Abkühlung deutlicher bemerkbar als an anderen Tagen	**Salz** Salz wirkt an Erdentagen günstiger und fördert die Blutbildung, wenn man nicht aus Gesundheitsgründen salzarm essen muss.	**an Wurzeltagen** Knoblauch, Möhren, Rüben, Radieschen, Rettich, Sellerie, Zwiebeln, Schwarzwurzeln, Kartoffeln, Kohlrabi
Lichttage Lichteinstrahlung wird intensiver und greller empfunden, auch wenn es bewölkt ist; die Helligkeit wirkt aufmunternd und ansteckend	**Fett** Fette/Öle beeinflussen an Lufttagen die Drüsen günstig; bekommt einem Fett aber nicht, sollte man es an diesen Tagen besonders meiden.	**an Blütentagen** Blumenkohl, Nüsse, Brokkoli, Artischocke, Sonnenblumenkerne, Hagebutte, Holunder, Raps, Lein, alle weiteren Arten von Blüten
Wassertage größere Neigung zu Regen bzw. Schnee; Böden und Gras bleiben feucht, auch wenn die Sonne scheint	**Kohlenhydrate** Viele bevorzugen an Wassertagen Brot und Kuchen, bei Stoffwechselproblemen solltet ihr euch hier aber zurückhalten.	**an Blatttagen** Salate, Spinat, Mangold, Petersilie, Kresse, Pilze, Chinakohl, Kohlsprossen, Wirsing, Spargel, Rhabarber

Der Lauf des Mondes wirkt sich auf das Wachstum, die Verwertung der Vitamine, Mineralstoffe und Spurenelemente der Pflanzen aus, deshalb kann man sich anhand der Tabelle auf den vorhergehenden Seiten mit den jeweiligen Gemüsesorten etwas Gutes tun. Aber auch in den zahlreichen Mondkalendern finden wir jede Menge Hinweise, wie wir unsere Gesundheit und das Wohlbefinden von Pflanzen und Tieren in Haus und Garten unterstützen und fördern können. Ich werde immer wieder gefragt, ob ich auf den Mond achte: Meine Antwort lautet ja, denn ich habe die Erkenntnis gewonnen, dass es eine runde Sache ist, wenn man die Zeit dafür aufbringen kann und möchte.

Schlusswort

Mir persönlich ist es wichtig, dass man die Arbeit im Garten nicht als Mühe sieht, sondern als Genuss. Ein ganzes Jahr im Garten zu arbeiten, sich zu bewegen, etwas zu ernten, im Boden zu wühlen oder sich an ihm nur zu erfreuen, hilft uns, in vielen Bereichen gesund und glücklich zu bleiben. Ich sage immer, dass der Garten mein Fitnessstudio ist. Die vielen verschiedenen Bewegungen kräftigen auch Muskeln, die sonst nicht so beansprucht werden. Am glücklichsten bin ich, wenn ich im Garten gearbeitet habe, mit meinen Händen etwas Neues erschaffen habe und man mir auch ansieht, dass ich den ganzen Tag mit der Erde in engem Kontakt gestanden bin.
Ein altes japanisches Sprichwort besagt: „Willst du ein Leben lang glücklich sein, so werde Gärtner." Dies kann ich nur bestätigen, und wenn mich manchmal etwas bedrückt oder geärgert hat, gehe ich in den Garten. Im Garten zu arbeiten, bereichert nicht nur meinen Speiseplan, deckt nicht nur meinen Tisch mit reichlich frischem Obst, Gemüse und Kräutern oder füllt meine Speisekammer, nein, es erfüllt auch mich und meine Seele. Und es muss nicht gleich der Garten sein: Auch die Beschäftigung mit den Töpfen und Kisten auf dem Balkon oder der Terrasse, ja sogar die Pflanzen auf dem Fensterbrett können diesen Zweck erfüllen. Deshalb habt Spaß am Ausprobieren, Garteln und Ernten! Gebt nicht gleich auf, wenn etwas nicht auf Anhieb klappt, denn beim nächsten Mal wird sich der Erfolg sicher einstellen.

Eure Rosi

Danksagung

Ich bedanke mich ganz herzlich

- in erster Linie bei meinem Mann Markus für seinen Beistand und seine Geduld – ohne seine Unterstützung könnte ich mich nicht so entfalten, wie ich es mir wünsche,
- bei meinen Söhnen Samuel und Simon für ihre Mithilfe,
- bei meiner Mutter dafür, dass sie mir immer zur Seite gestanden ist und mich an ihrem umfangreichen Wissen teilhaben lässt,
- bei der Edition Raetia, besonders bei Felix Obermair für seine Begleitung und Förderung,
- bei Helene Dorner und Katharina Preindl für das umsichtige Lektorat und Korrektorat,
- bei Alessandra Stefanut für die abwechslungsreiche grafische Gestaltung,
- bei der Südtiroler Bäuerinnenorganisation, vor allem bei Ulrike Tonner für ihr ständiges Engagement und ihren unermüdlichen Einsatz für uns Bäuerinnen-Dienstleisterinnen.

Eine Schatzkiste voller Heilmittel und Kochrezepte

Die „Kräuter-Rosi“ kann auf ein generationenlanges Familienwissen zur Natur zurückgreifen. Besonders wertvoll sind die Rezepturen ihrer Großmutter Agnes. Diese bringt Rosi in die heutige Zeit und ergänzt sie nach dem aktuellen Wissensstand. Ihr Buch ist ein neues Standardwerk für den Kräutergarten: Es deckt von Hausmitteln, Kochrezepten, Sammeltipps bis hin zu Naturfärbungen alle Bereiche ab.

Wer einen kundigen Einstieg in die Kräuterwelt der Alpen sucht: Hier ist er.

NaturApotheke

Rosi Mangger Walder
Das Kräuterwissen meiner Großmutter
Euro 25,00 [I]; 27,50 [D/A]
ISBN 978-88-7283-727-6

Schaffe dir deine Garten-Oase!

Die Profis der Gärten von Schloss Trauttmansdorff stellen exotische und mediterrane Pflanzen vor, die teils auch in gemäßigten und kühleren Zonen gedeihen – im Garten, auf dem Balkon oder im Kübel. Die Expert*innen verraten, wie sich Stauden, Zwiebelpflanzen, Sträucher und Bäume gut kombinieren lassen. Außerdem zeigen sie, welche Pflanzen wann für bunte Blütenpracht oder eine tolle Herbstfärbung sorgen, und welche Früchte tragen.

Eine gelungene Anleitung für Urlaubsfeeling daheim.

Buchmedia Magazin

Die Gärten von Schloss Trauttmansdorff
Pflanz dir was
Mediterranes und Exotisches für Garten und Balkon
Euro 17,90 [I]; 19,80 [D/A]
ISBN 978-88-7283-729-0

Das große Rosen-Praxisbuch

Rosen sind viel mehr als nur eine Gartenzierde: Sie sind Heilmittel, Schönheitsgeheimnis und Seelenbalsam in einem! In diesem Praxisratgeber gibt Jutta Tappeiner Ebner ihr ganzes Rosenwissen an Einsteiger:innen und Fortgeschrittene weiter: von Bräuchen und Symbolen über Rosen im Bio-Garten bis hin zu 60 Rosen-Rezepten und -anwendungen für den Genuss, die Schönheit und die Gesundheit.

Seite für Seite entfaltet sich Jutta Tappeiner Ebners Leidenschaft, das Schöne mit dem Nützlichen zu verbinden.

Wohnen & Garten

Jutta Tappeiner Ebner
Meine Rosenwelt
Naturkosmetik, Kulinarik und Gartentipps
Euro 27,50 [I]; 29,90 [D/A]
ISBN 978-88-7283-788-7

Impressum

Gedruckt mit Unterstützung
der Südtiroler Landesregierung,
Abteilung Deutsche Kultur

AUTONOME PROVINZ BOZEN SÜDTIROL
PROVINCIA AUTONOMA DI BOLZANO ALTO ADIGE
Deutsche Kultur

1. Auflage

ISBN: 978-88-7283-929-4

Projektleitung
Felix Obermair

Lektorat
Helene Dorner

Korrektur
Katharina Preindl

Grafik und Umschlaggestaltung
Alessandra Stefanut
www.cursiva.it

Fotos
Umschlagfoto und Fotos auf S. 4, 6, 16, 35, 36, 63, 99, 145, 201: Benjamin Pfitscher, www.benjaminpfitscher.it
Fotos auf S. 126, hintere Klappe: Armin Huber, www.arminhuber.com
Fotos auf S. 3, 48, 56, 84, 113, 115, 150, 154, 159, 160, 186, 194: Unsplash
Alle anderen Fotos: Rosi Mangger Walder

Druckvorstufe
Typoplus, Frangart

Druck
Longo AG, Bozen

Informationen zur allgemeinen Produktsicherheit GPSR und Einsicht in die technische Dokumentation:
Edition Raetia, Zollstangenplatz 4,
39100 Bozen
info@raetia.com
eindeutige Identifizierung des Produkts:
ISBN 978-88-7283-929-4

Unseren Gesamtkatalog finden Sie unter www.raetia.com.

Bei Fragen und Anregungen wenden Sie sich bitte an info@raetia.com.

Edition Raetia
verzichtet der Umwelt zuliebe
auf die Schutzfolie aus Plastik.